目录

绿孔雀

绿孔雀的羽毛会反光。

绿孔雀，东南亚。
雄孔雀在向雌孔雀展示
自己时会展开尾上覆羽，
趾高气扬地走来走去。

灵动盎然的
飞鸟

[英]本·霍尔 著

[英]丹尼尔·朗 [英]安吉拉·里扎 绘

陈宇飞 译

中信出版集团 | 北京

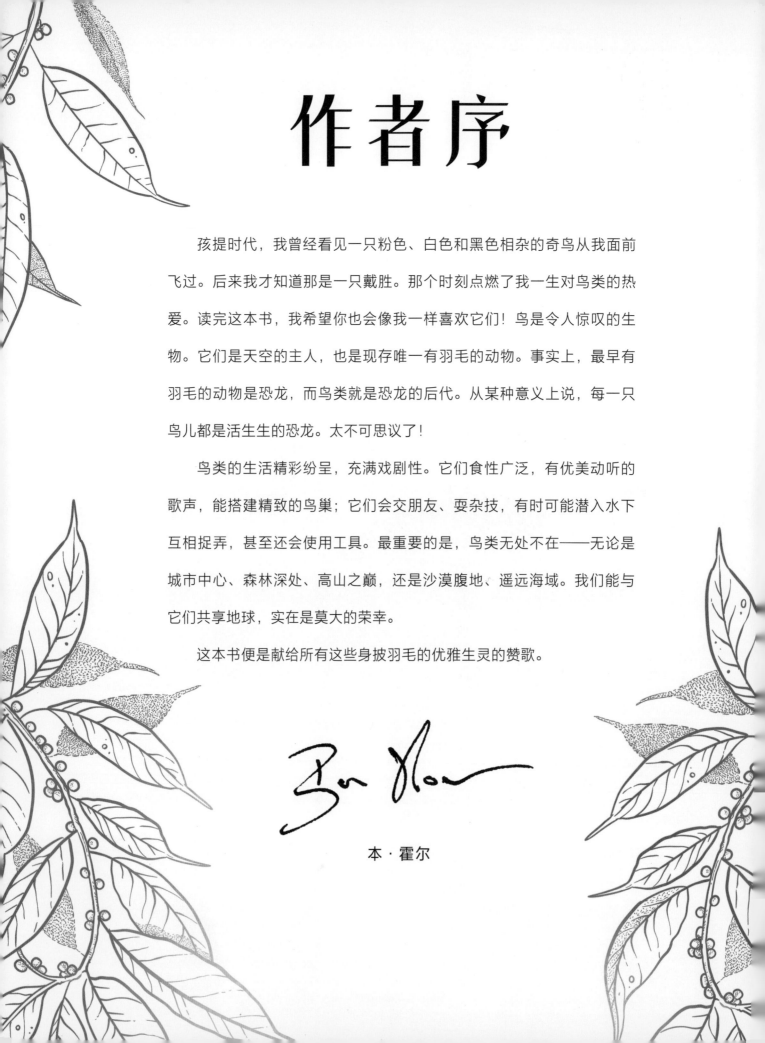

作者序

孩提时代，我曾经看见一只粉色、白色和黑色相杂的奇鸟从我面前飞过。后来我才知道那是一只戴胜。那个时刻点燃了我一生对鸟类的热爱。读完这本书，我希望你也会像我一样喜欢它们！鸟是令人惊叹的生物。它们是天空的主人，也是现存唯一有羽毛的动物。事实上，最早有羽毛的动物是恐龙，而鸟类就是恐龙的后代。从某种意义上说，每一只鸟儿都是活生生的恐龙。太不可思议了！

鸟类的生活精彩纷呈，充满戏剧性。它们食性广泛，有优美动听的歌声，能搭建精致的鸟巢；它们会交朋友、耍杂技，有时可能潜入水下互相捉弄，甚至还会使用工具。最重要的是，鸟类无处不在——无论是城市中心、森林深处、高山之巅，还是沙漠腹地、遥远海域。我们能与它们共享地球，实在是莫大的荣幸。

这本书便是献给所有这些身披羽毛的优雅生灵的赞歌。

本·霍尔

"嗷——嗷！"这个古怪的叫声是谁发出来的？当然是雄性绿孔雀！在清晨和傍晚，它会用这样的叫声告诉其他孔雀它在寻找配偶。如果有雌孔雀听到它的叫声，就会回答"嗷——啊！"，然后穿过森林去找它。

雄孔雀用跳舞的方式来博取雌孔雀的好感。首先，它把长长的尾上覆羽展开成扇形，亮出羽毛上的眼状斑点。然后，它会抖动尾屏，让斑点闪闪"发光"。它身上的斑点越多，雌孔雀就越有可能对它感兴趣！在亚洲还有一种蓝孔雀，它们的身体是漂亮的金属蓝色。

鹈鹕宝宝会把头伸进爸爸妈妈的喙里找鱼吃。

卷羽鹈鹕

鹈鹕巨大的喙就是一张出色的渔网。它的下颌上有一个伸缩性很强的喉囊，可以用来舀鱼吃。可是舀进来的除了鱼，还有水！所以，鹈鹕在吞下食物之前，必须把喙张开一点，挤压喉囊，让水流出去。

卷羽鹈鹕经常排成一排游动，把鱼群赶到一起，以方便捕捉。这些大鸟的体重和一个小孩子相当。为了从它们生活的湖泊和沼泽中起飞，它们需要一边拍打巨大的翅膀，一边在水面上奔跑。一旦腾空而起，它们就能像猛禽一样翱翔，有时还能飞得和飞机一样高。

卷羽鹈鹕，亚洲和欧洲。
鹈鹕的喙能容纳 11 升水，
它胃里能装的水也没这么多。

7

照顾鹤鸵宝宝的不是妈妈，
而是尽职尽责的爸爸。

鹤鸵

这只脚的主人可不是恐龙，而是一种叫鹤鸵的大鸟。鹤鸵的一切都非常巨大。它是地球上第二高的鸟类，仅次于鸵鸟；它的体重相当于一个12岁儿童的平均体重；它的脚印也是超大码的，长度几乎就和本书页面的长边一样长！

然而，比起它的大个子，鹤鸵的翅膀却小得可怜，蓬松的羽毛也不适合飞行。所以，鹤鸵转而用脚行走。遇到危险时，它还能撒腿奔跑。论赛跑，鹤鸵可以轻松击败世界上跑得最快的人。如果高大威猛的鹤鸵必须面对敌人，它还可以踢出一记强力的"无影脚"来自卫。

鸸鹋，澳大利亚。
鸸鹋的大脚上有三个强壮的脚趾，
每个脚趾上都有一个锋利的爪。

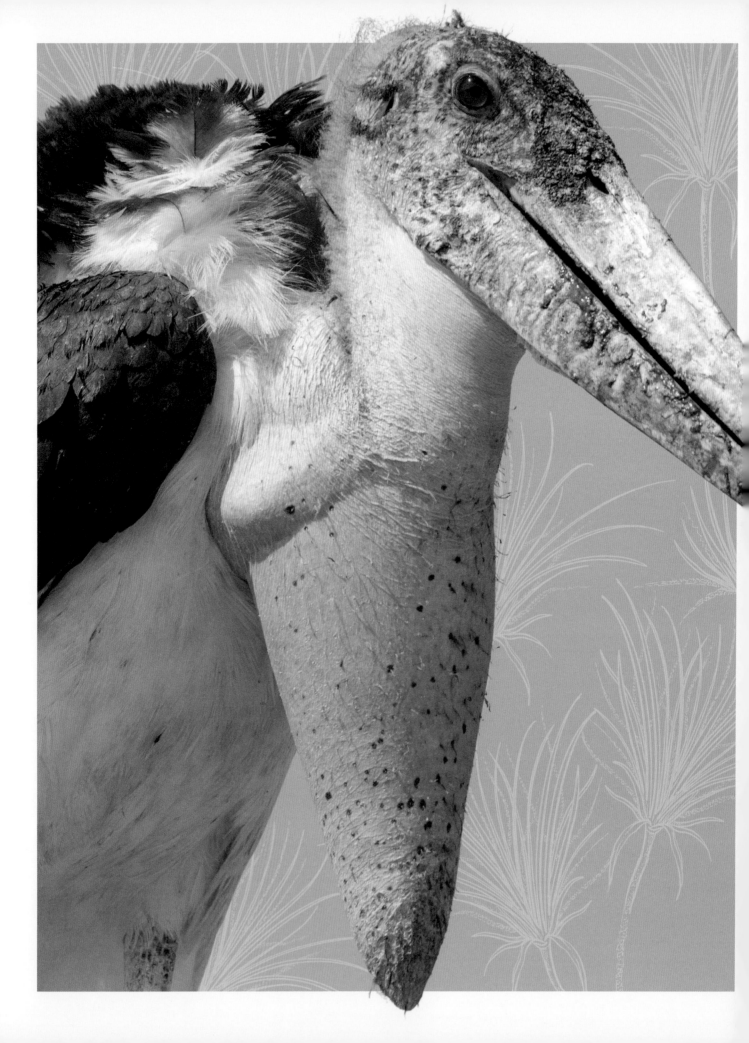

非洲秃鹳

非洲秃鹳是体形最大的飞鸟之一。它们在非洲草原的上空翱翔，寻找食物。非洲秃鹳主要以动物的尸体为食，但也会捕杀活物。它们用巨大的喙撕开猎物的皮毛，吃里面的肉。你可能觉得它们光秃秃的脑袋看起来很奇怪，正是这副奇怪的长相可以让它们免除吃东西时弄脏羽毛的烦恼。

非洲秃鹳喙下那个粉红色圆锥是什么？那是一个下垂的皮囊，可以被吹大，就像气球一样！它们在争斗或者向异性炫耀时就会这么干。有些人觉得非洲秃鹳长得很丑或者很吓人，但它们其实很奇妙，你同意吗？

非洲秃鹳会被狮子捕杀的猎物吸引，
吃狮子吃剩的肉。

非洲秃鹳，非洲。
雄性和雌性非洲秃鹳的喙
下面都有一个皮囊。

蛇鹫，非洲。
蛇鹫是少数有睫毛
的鸟类之一。

蛇鹫

许多猛禽都会用俯冲或滑翔的方式来捕食，可蛇鹫偏偏不走寻常路！这种高大的鸟儿大步流星地行走于非洲的草原，在地面上捕食。它们以老鼠、蛇和其他小动物为食，用有力的大长腿踩踏猎物。在发生野火时，蛇鹫会冲向火焰，趁乱捕捉那些逃跑的动物。对了，这种不同寻常的鸟儿在需要的时候还是会飞的。

蛇鹫也叫"秘书鸟"。这个名字是怎么来的谁也说不准，可能与它们黑色的冠羽有关，因为这些冠羽看起来就像古代抄写员用来书写的羽毛笔。

蛇鹫捕蛇的时候会把猎物蹬踹致死。

丹顶鹤

 这些高大优雅的鸟儿似乎一刻也闲不住。丹顶鹤们相遇后，很快就会开始跳舞。它们互相鞠躬，然后快速扇翅跳到空中。有时，它们甚至会像一群小孩子一样嬉戏追逐！在求偶时，雄鹤和雌鹤会成双成对地跳起优美的舞蹈。

 丹顶鹤生活在沼泽、稻田和其他潮湿的地方。它们在中国和日本深受人们喜爱，被视为吉祥和长寿的象征。日本北部的冬天寒冷多雪，人们会在户外为丹顶鹤摆放稻谷和玉米，帮助它们将种群发展壮大。

丹顶鹤被称为"湿地之神"。

丹顶鹤，亚洲东部。
丹顶鹤在翩翩起舞时会完美地
模仿舞伴的动作，时而抬起翅
膀，时而伸长脖子。

15

黑天鹅

大多数天鹅是白色的，而黑天鹅的羽毛却像夜空一样漆黑。你可以在澳大利亚各地的湖泊和池塘中看到这些俊美的鸟儿，甚至在繁忙的城市也能见到。天鹅往往小群聚居。每个天鹅群都是一个家庭，由一对天鹅夫妇和它们的宝宝组成。小天鹅很容易区分，因为它们不是黑色而是灰色的。

天鹅的巢建得乱七八糟的，里面堆满了草和它们能够找到的其他任何东西。每一对天鹅夫妇都会对它们的巢严防死守。如果有捕食者靠近，它们就会一边发出咝咝的警告声，一边猛烈地拍打翅膀赶走敌人。

黑天鹅的叫声听起来就像有人在吹塑料玩具小号。

黑天鹅，澳大利亚。
黑天鹅在水中划水时，
脖子会弯成优美的弧形。

漂泊信天翁

漂泊信天翁的寿命可以达到 50 年以上。大部分时间里，它们都远离陆地，独自在海洋上空翱翔。漂泊信天翁体形巨大，和鹅一样重，而且拥有所有鸟类中最长的翅膀。凭借这对强大的翅膀，它们可以乘着海风，在几乎不扇动翅膀的情况下飞越很远的距离。它们的喙造型特殊，上面有两个管状的鼻孔。这能帮助它们嗅到 20 千米以外猎物（主要是鱼和鱿鱼）的味道。

漂泊信天翁终生只有一个伴侣。在久别重逢后，漂泊信天翁夫妇会在它们营巢的岛上用互相碰喙的方式来表示问候。它们是尽职的父母，要花几乎一年的时间来抚养每只雏鸟。

这些雄伟的鸟儿的双翅展开后
几乎有 3.5 米宽。

漂泊信天翁，
大西洋、太平洋和南极洲附近海域。
漂泊信天翁在偏远的岛屿上繁殖，
一次哺育一只雏鸟。

安第斯
神鹫

安第斯神鹫借助上升的气流来升上天空。

安第斯神鹫，南美洲。 安第斯神鹫翅尖的巨大羽毛使其在飞行时有了额外的控制力。

秃头的安第斯神鹫个头硕大，体重和天鹅相当，翅膀也是数一数二的大。它们大多生活在南美洲的安第斯山脉，翱翔于高耸入云的山峰上空。最了不起的是，它们可以连续滑翔数小时也不扇一下翅膀。

安第斯神鹫主要吃动物的尸体。由于嗅觉不灵敏，它们只能依靠超强的视力来发现食物。安第斯神鹫十分贪吃，有时，它们甚至会因为吃得太饱而飞不起来！

胡兀鹫的食物几乎完全是骨头。

胡兀鹫

兀鹫一般体形巨大，有着钩状的喙和锋利的爪子。它们大多以动物的残骸为食，并不会自己去猎杀动物。不过，胡兀鹫很少吃肉，主要吃骨头。它们会将小骨头整个吞下，把大骨头带到空中，扔到岩石上砸成小骨头之后再吃。它们的胃里充满了酸性超强的胃液，可以快速溶解骨头。

胡兀鹫因为喙下有一簇酷似胡须的黑色刚毛而得名。你可以看到这些鸟在山上的高空中翱翔。它们喜欢将富含氧化铁的土壤涂抹到羽毛上，把它们胸前的羽毛变成橙色。谁也不知道这是为什么！

**胡兀鹫，
非洲、亚洲和欧洲。**
胡兀鹫视力敏锐，
大老远就能发现食物。

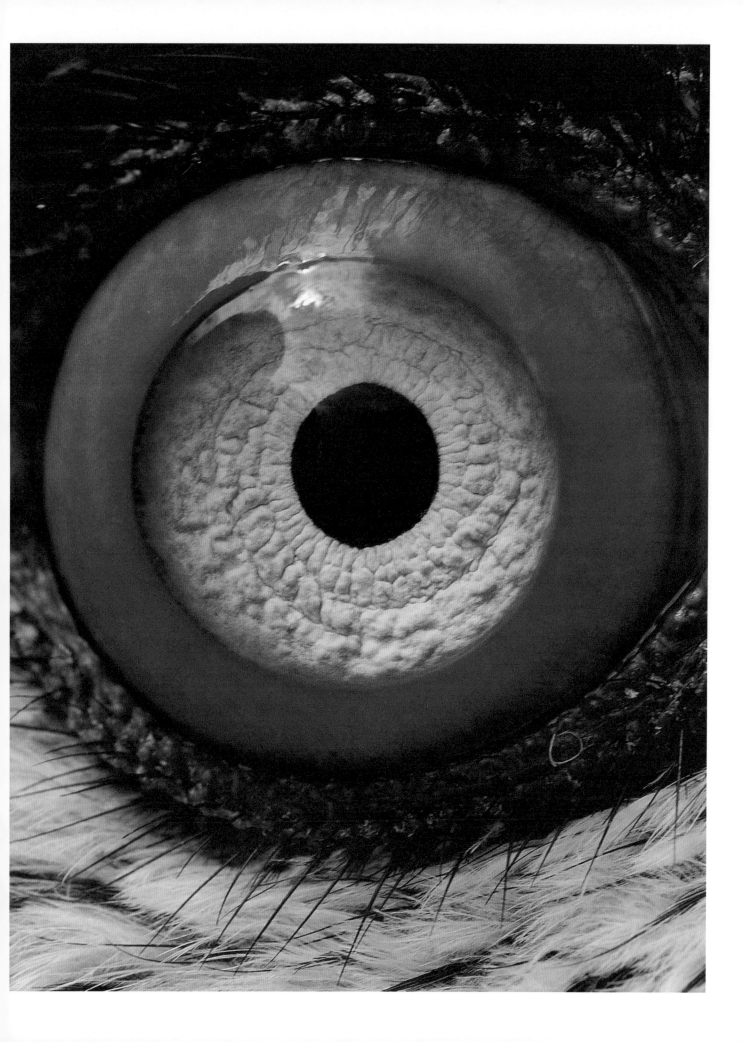

人们通过化石发现，始祖鸟的翼羽竟然是黑色的。

恐爪龙是一种和北极熊差不多大的兽脚类恐龙，它们身上可能有羽毛。

始祖鸟

这种娇小的动物身上有一些我们认为属于鸟类的特征。它浑身长满羽毛，嘴巴像鸟喙一样。可是它不会飞（虽然可能会短距离滑翔），嘴里还有一排锋利的牙齿。

兽脚类恐龙

这个大类包括许多你可能十分熟悉的恐龙，比如霸王龙！它们大多吃肉，有些有羽毛，但不会飞。它们的羽毛可能具有保暖的作用，也可能是用来吸引配偶的花哨装饰。

鸟类的进化

从南极到北极，世界上的每一个区域都有鸟类的身影。可是，它们最初是从哪里来的呢？说出来你可能不信，鸟类其实是由恐龙进化来的！大约9500万年前，第一批鸟类从兽脚类恐龙演化而来。这些兽脚类恐龙虽然是古爬行动物，但其中一些却长着羽毛。经过许多代之后，这些古鸟类失去了牙齿和尾巴，长出了喙，甚至还飞上了天空！如今，全世界共有约11000种鸟。

孔子鸟

这种古鸟类和乌鸦差不多大。根据化石，我们知道它有羽毛和翅膀，推测它可以进行短距离飞行。虽然它有两根长长的尾羽，但它的尾巴却比其他的古鸟类短得多。

与其他古鸟类一样，孔子鸟的翅膀上也有爪子。

鱼鸟

鱼鸟生活在海边，看上去有点儿像今天的海鸟。它有强壮的胸骨供飞行肌肉附着，所以很善于飞行。不过，它的喙里依然有牙，而且很有可能曾用这些牙来捕鱼。

阿斯忒里亚鸟

阿斯忒里亚鸟是迄今发现的最早的与现存鸟类有许多共同特征的鸟类。它与鸡关系很近，所以人们也管它叫"神奇鸡"！它生活在恐龙灭绝之前，而且喙里没牙。我们几乎可以肯定它有羽毛，还很可能会飞。

阿斯忒里亚鸟靠一双长腿在海边的地面上觅食。

现存鸟类

今天的世界存在大量不同种类的鸟，它们形态各异，大小不一，但都有着无牙的喙和羽毛，而且大多数会飞。不过，只要仔细观察，你可以在它们身上看到它们那些古老的恐龙亲戚身上的特征。

25

角雕

角雕的爪和棕熊的爪
一样长。

角雕，中美洲和南美洲。
角雕的四个脚趾末端各有一个长爪。
脚趾三个朝前，一个朝后。

猴子—发现角雕就会俯身躲避——这种鸟是世界上体形最大的鹰之一，而猴子正是它们喜爱的一种美食。这种威猛的鹰能用有力的爪子直接从树梢上抓起猎物，树懒大概是它们最喜欢的食物。尽管体形巨大，它们却能悄无声息地飞行，把在树上打盹儿的树懒逮个措手不及。

角雕生活在热带雨林中，一对角雕会一起搭建一个巨大的巢，厮守终生。这个巢有双人床那么大，而且足够结实，一个人站在上面都没问题！角雕一次哺育一只雏鸟，而且会给它们巨大的雏鸟喂食 6~10 个月之久。

雄性大鸨的喙两边长着八字胡似的羽毛。

大鸨

这种鸟看起来像大块头的鸡，但和鸡不同的是，它能飞得很好。雄性大鸨是最重的飞行鸟类之一。哪怕再重一丁点儿，那对翅膀都没法让它们腾空了！所以大多数时候，大鸨更喜欢走路。

大鸨在草原和田野上漫步时，会狼吞虎咽地吃掉自己遇到的大多数能吃的东西，比如种子，以及昆虫、老鼠和青蛙等动物。春天，雄性大鸨会聚集在一起向雌性大鸨展示魅力。在集体展示时，雄性大鸨会伸长脖子，展开屁股和翅膀上的羽毛，把自己变成一个白色的大绒球！

大鸨，亚洲和欧洲。
雄性大鸨只有在求偶表演时特征鲜明，
平时看起来和雌性大鸨非常相似。

红尾鹲

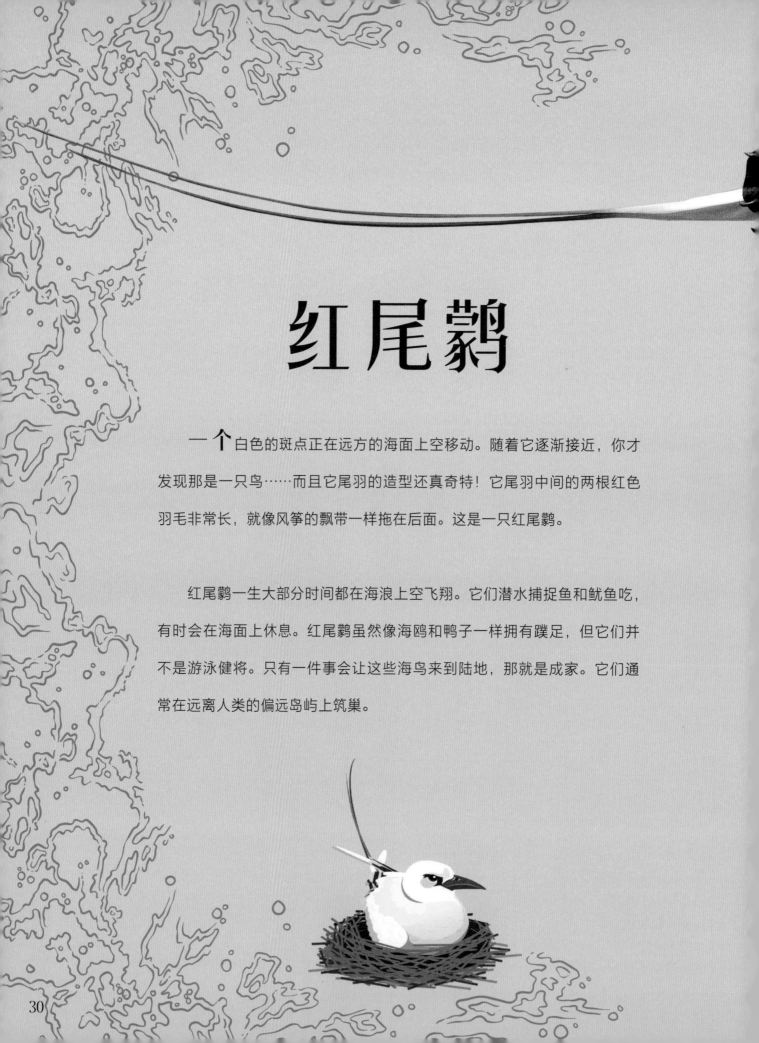

一个白色的斑点正在远方的海面上空移动。随着它逐渐接近，你才发现那是一只鸟……而且它尾羽的造型还真奇特！它尾羽中间的两根红色羽毛非常长，就像风筝的飘带一样拖在后面。这是一只红尾鹲。

红尾鹲一生大部分时间都在海浪上空飞翔。它们潜水捕捉鱼和鱿鱼吃，有时会在海面上休息。红尾鹲虽然像海鸥和鸭子一样拥有蹼足，但它们并不是游泳健将。只有一件事会让这些海鸟来到陆地，那就是成家。它们通常在远离人类的偏远岛屿上筑巢。

红尾鹲，
印度洋和太平洋。
红尾鹲长长的红色羽毛
甚至能比它们的身体还长。

红尾鹲的巢做得很简陋，
通常只是地面上的一个凹痕。

紫蓝金刚鹦鹉

紫蓝金刚鹦鹉会飞很远去找
它们最爱吃的坚果。

这些惹眼的鸟儿是地球上体形最大的鹦鹉。它们有着让人惊叹的蓝色羽毛，眼睛和喙周围的皮肤呈亮黄色。紫蓝金刚鹦鹉特别聒噪，通常你不见其鸟，就先闻其声了。它们"咔——咔——"的叫声可以在林地和湿地上空回荡得又广又远。

紫蓝金刚鹦鹉有着怪兽级的喙，只要它们乐意，完全可以用喙咬碎你的手指。幸好这些鸟儿性情温和。实际上，为了吃到坚果里面美味的种子，它们的喙特化成了专开硬壳的神器。像许多鹦鹉一样，紫蓝金刚鹦鹉也会跟它们的伴侣建立牢固的关系。每对紫蓝金刚鹦鹉都会相守一生。

紫蓝金刚鹦鹉，南美洲。
配对的紫蓝金刚鹦鹉无论去哪儿都是一起。它们喜欢互相梳理羽毛，却不一定跟对方分享食物！

黑腹军舰鸟

雄性黑腹军舰鸟有一个绝妙的聚会把戏——为了在繁殖季节吸引雌鸟，它们会将自己喉咙上的皮囊充气。皮囊充满空气后，就像一颗又大又红的爱心。不仅如此，它们还会像打鼓一样用喙敲打它。

黑腹军舰鸟在海上生活，在岛屿上集群营巢。鱼是它们的主要食物。黑腹军舰鸟经常跟在海豚后面飞行，趁机叼走那些为了躲避海豚而跃到空中的鱼。黑腹军舰鸟的飞行能力超强。它们可以在远离陆地的地方飞行好几个星期，甚至还能在半空中睡觉。不过，它们从来不在海面休息，因为它们的羽毛不防水。黑腹军舰鸟有过在大洋上空连续飞行 60 天不着陆的纪录！

雌鸟

雄鸟

黑腹军舰鸟会追逐其他海鸟，
抢走它们抓到的鱼，
简直就是身披羽毛的海盗。

黑腹军舰鸟，热带海洋。
雄性黑腹军舰鸟的喉下
有一个可以充气的喉囊，
而雌鸟没有。

小红鹳，非洲和亚洲。
小红鹳父母会在喉咙里分泌一种
类似乳汁的液体来喂养雏鸟。这
种液体竟然是鲜艳的粉红色！

小红鹳

非洲的湖泊有时看起来宛如微光闪烁的粉红色海洋。这是因为水里
到处都是小红鹳！这些粉红色的水鸟在觅食和繁殖时会大量聚集。某些时
候，你甚至可以在同一个湖面上看到多达一百万只小红鹳。

小红鹳的喙是弯曲的，它们常常把脑袋倒插进水里，晃动着摆锤一样
的喙觅食。这么做能把细碎的食物困在喙里，特别是那些微小的藻类植物，
正是它们赋予了小红鹳美妙的粉红色。小红鹳通常在夜晚觅食，白天休息。
它们休息的时候用单腿站立，另一条腿蜷缩起来。这个姿势虽然看起来别
扭，却能节省体力。

小红鹳的脚有蹼，可以让它们像鸭子一样游泳。

栗腹鹭

鹭都是捕鱼专家，栗腹鹭也不例外。这些鸟耐心地等鱼儿游到自己附近，然后突然用锋利的长喙把它们叼住。

黄昏锡嘴雀

黄昏锡嘴雀有一个宽宽的三角形喙，用来敲开坚硬的坚果和种子。当喙施加足够的压力使坚果破裂时，喙上的小凹槽会稳住坚果。

虎头海雕拥有所有猛禽中最大的喙。

鸟喙

鸟类用喙来收集食物、整理羽毛和搬运物品，比如搬运筑巢材料。尽管海龟和陆龟也有喙，但喙是鸟类的主要特征。鸟类和爬行动物的喙都由坚硬的骨板构成，表面覆盖着一层角蛋白。每种鸟的喙都演化出了适应其生活方式的特性，所以就像你看到的，鸟喙的形状、大小和颜色千奇百怪。

冠小嘴乌鸦

冠小嘴乌鸦的栖息地很多样化，食物也多种多样。它们有一个多功能的喙，可以应付小型猎物、动物残骸、种子、坚果、水果以及许多其他食物。

灰雁

灰雁以草和种子为食。它们喙的内缘通常分布着锋利的齿梳，可以帮助它们撕碎口中多汁的青草。

虎头海雕

所有的猛禽都有强大的喙，喙尖锋利而弯曲，可以把肉刺穿并撕成方便吞食的小块。虎头海雕就能用它们尖尖的喙撕碎鲑鱼之类的大鱼。

橡树啄木鸟

在看见啄木鸟之前，你往往会先闻其声。为了吸引配偶，它们用有力的喙敲打树干，发出响亮的"鼓声"。它们还能把喙像钉子一样敲进树皮，挖里面的虫子吃，甚至能用喙打洞筑巢。

黑剪嘴鸥

黑剪嘴鸥的喙很特别，它的上喙比下喙短得多。这种鸟在海面飞行时，会把较长的下喙浸在水里探鱼，一碰到猎物就瞬间把它叼起。

黄腹花蜜鸟

黄腹花蜜鸟最爱吃的食物是花蜜。这种鸟有一个又长又弯的喙，可以巧妙地伸进花中，吸食富含糖分的花蜜。黄腹花蜜鸟在花间穿梭饮蜜的同时，也会把花粉从一朵花传到另一朵花，起到为它们授粉的作用。

白腰杓鹬的喙就像一把长长的镊子，能从泥巴中夹出猎物。

白腰杓鹬

白腰杓鹬小心翼翼地行走在潮湿的海岸，时不时把喙探入泥中。这么做是为了寻找蠕虫和螃蟹之类的小动物。碰上猎物后，它会毫不犹豫地一口吞掉。

粉红鸲鹟

大多数小型栖木鸟类以昆虫和蜘蛛为食，所以又小又尖的喙对它们来说再适合不过了。澳大利亚的粉红鸲鹟就有这样的喙，可以用来从树叶上叼走猎物。

华丽琴鸟

雌鸟　　　　　　　雄鸟

华丽琴鸟可以模仿它们听到的几乎任何声音。

森林的灌木丛里有东西在沙沙作响。原来是一只雄性华丽琴鸟。突然，它跳到了自己堆起的土丘上。这里是它进行求偶表演的舞台，而一只雌鸟已经来欣赏了。只见雄鸟展开尾羽，许多如同蕾丝的白色羽毛和一对华丽而弯曲的花色羽毛顿时绽放开来。接着，它又展开歌喉，唱出一曲嘘嘘声、呼呼声、咯咯声和呱呱声混杂的大杂烩歌曲，简直就像是用电脑合成的！实际上，这首歌里的声音大多是它模仿的林中其他鸟类和动物的叫声。如果雄鸟的表演打动了雌鸟，两只华丽琴鸟就可能结为一对儿，组建家庭。

华丽琴鸟，澳大利亚。
华丽琴鸟之所以得此名，
是因为它们有 16 根尾羽，
竖起来时就像竖琴的形状。

普通鸬鹚

普通鸬鹚超爱吃鱼。实际上，除了鱼它们什么也不吃。有时它们逮到的鱼实在太大了，让人不禁好奇它们会怎么吞下去。幸运的是，普通鸬鹚的喉咙很有弹性，可以帮助它们把食物整个吞下。这些鸟儿游起泳来非常漂亮，它们从水面潜入水中捕鱼时，几乎不会溅起一点水花。

你可以在湖泊、河流、沼泽和海滨看到普通鸬鹚。只要有大量的鱼，它们就很开心。普通鸬鹚通常在水边的树上群聚营巢，它们频繁排出的粪便很快就会把树涂成白色！除此之外，它们也会在地面上搭建乱糟糟、臭烘烘的巢。

普通鸬鹚游泳时，将身体压得很低，
通常只会露出它们的头和脖子。

普通鸬鹚，非洲、亚洲、欧洲、北美洲和大洋洲。
普通鸬鹚就算吞下比自己脑袋还大的鱼也没问题。

普通潜鸟

普通潜鸟可以在水下停留三分钟。

水面上飘来一阵"鬼哭狼嚎"，听起来就像是有人在哀号。这其实是普通潜鸟在呼唤它的配偶。这些优雅的鸟儿生活在湖泊中，潜入水下用它们矛头状的喙捕鱼吃。普通潜鸟带蹼的脚位于身体后方，靠近尾部，非常适合在水下推着潜鸟飞快地追逐猎物。可惜，这也使得它们在陆地上笨拙无比！它们几乎无法行走，只能连蹦带拖地勉强挪动。

普通潜鸟在湖中央的岛上营巢。完成繁殖后，它们会迁往海岸过冬。你可以经常看到它们在离岸不远的碎浪中游泳。

普通潜鸟，

欢洲和北美洲。

毛茸茸的潜鸟雏鸟出壳

几小时后就会游泳了。

红腿叫鹤，南美洲。
凭借一双大长腿，
这种鸟个个都是跑步健将，
速度高达 40 千米 / 时。

红腿叫鹤

数百万年前，南美洲是恐鸟的家园。这些可怕的捕食者高 3 米，有着鹰喙虎爪，堪称鸟类版的霸王龙！恐鸟现在已经灭绝了。不过，你如果现在去巴西和阿根廷的草原走走，还能看到与它们有着亲缘关系的鸟类——叫鹤。当然，叫鹤要小得多，但它们依然是凶猛的捕食者。

叫鹤主要吃蜥蜴、蛇和其他的鸟类，并且用奔跑的方式追逐它们。为了杀死猎物，叫鹤会把它们抓起来往地上摔。当地人常养叫鹤来看家护院，保护自家的鸡，因为叫鹤看到鹰或狐狸时会发出刺耳的叫声。

红腿叫鹤的腿长得夸张，就像高跷似的。

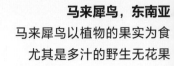

马来犀鸟

犀鸟为什么叫这个名字，你一看就知道！这些雨林鸟类的喙上方有一个巨大的角，就像犀牛角一样。马来犀鸟的角大都呈鲜艳的橙黄色，内部中空，这能让它们的叫声变得更加洪亮。马来犀鸟互相呼唤时，叫声可以传到很远的地方。

马来犀鸟繁殖时，会建一个十分奇怪的巢。雌鸟会先钻进树干上的洞里，用泥巴和自己的粪便封住出口，然后在这个黑乎乎的洞里产蛋，哺育雏鸟。雄鸟则通过狭窄的洞口给它们喂食。最后，雌鸟和雏鸟会破巢而出。

马来犀鸟在飞行时会产生响亮的嗖嗖声，
因为它们的翅膀真的很大！

环颈雉，
亚洲、欧洲和北美洲。
雄鸟的羽毛绚丽多彩，
而雌鸟只有单调的棕色。

雄鸟　　　雌鸟

雉 鸡

雉鸡宝宝一孵化出来就能自己觅食。

红腹角雉，亚洲。
为了吸引雌鸟，雄鸟
会把脖子上蓝红相间
的皮肤鼓起来。

棕尾虹雉，亚洲。
雄鸟用求偶舞蹈炫耀
自己的一身华衣。

白腹锦鸡，亚洲。
这种雉鸡有着艳丽非凡的外表，但非常害羞。

雄雉都是"显眼包"！在进行求偶表演时，雄雉时而昂首阔步，时而俯身鞠躬，时而腾空而起。它们往往还会鼓起胸膛，展开翅膀或尾羽。这些炫目的表演都是为了吸引配偶。相比之下，雌雉则没有那么多姿多彩，因为它们需要躲在巢穴里。

雉鸡通常出没于森林、山脉和草原。它们虽然会飞，但更喜欢走或跑。它们与鸡和火鸡存在亲缘关系，腿都一样很强壮。雄雉的腿后还有一根叫作"距"的尖刺，是它们用来战斗的武器。

大眼斑雉，东南亚。
在求偶时，雄鸟会把翅膀像一把大扇子一样展开。

51

美洲蛇鹈

美洲蛇鹈，美洲。
美洲蛇鹈先把猎物抛到
空中，然后用喙接住它，
先头后尾地一口吞掉。

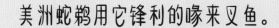

美洲蛇鹈用它锋利的喙来叉鱼。

美洲蛇鹈的家安在湿地中。这种奇特的水鸟有着流线型的身体和像鸭子一样的蹼足，个个都是捕鱼高手。它们游泳时常常把身体隐入水下，只把细细的头和长长的脖子露出水面。美洲蛇鹈把大部分身体隐藏起来后，乍看起来就像一条蛇！难怪管它叫"蛇"鹈。

与其他水鸟不同，美洲蛇鹈不会分泌特殊的油脂让羽毛防水。所以，它们从水里出来时全身都会湿透。每次捕鱼后，它们都要站在岸上，张开湿漉漉的翅膀晒太阳，就像晾衣服一样。

粉红琵鹭

琵鹭的喙形状像勺子，这别致的造型对它们大有用处！它们把喙浸入水中，微微张开，然后左右摆动。一碰到猎物，就啪的一下合上。琵鹭主要吃小虾和其他小型水生生物，也能捕食螃蟹和鱼。

世界上共有六种琵鹭，它们都生活在湿地或海岸这样的水边环境。粉红琵鹭是其中唯一的粉红色物种。在繁殖季节，它们的秃头会变成黄色和绿色。集体活动时，琵鹭会通过上喙和下喙碰撞发出的咔嗒声来互相打招呼。

粉红琵鹭，美洲。
粉红琵鹭用灵敏的喙感知猎物。
它们的喙可以长到 18 厘米长。

琵鹭雏鸟的喙没有"勺子头"，
后来才发育成勺状。

雄鸟　　　雌鸟

蓝脚鲣鸟在烈日下像狗那样
喘气降温。

蓝脚鲣鸟，美洲。
蓝脚鲣鸟刚孵化时脚是棕色
的，长大后才变成蓝色。

蓝脚鲣鸟

雄性蓝脚鲣鸟拥有最俏皮的脚。为了吸引雌鸟，它们会用慢动作跳舞，把脚一次又一次抬起来给对方看。脚的颜色越亮，就表明它越强壮，越健康。这些海鸟在偏远的岛屿上繁殖。雌鸟用呱呱声呼唤配偶，雄鸟则用嘘嘘声回应。蓝脚鲣鸟营巢的地方很容易被发现，因为它们会在岩石上留下一圈圈白色的粪便。

鲣鸟在海里潜水捕鱼。它们收起翅膀，像导弹一样扎进海里。在陆地上，它们一点也不怕人。它们拖脚走路的样子很像小丑，这也是"鲣鸟"的英文名字 booby 的由来，它来自西班牙语的 bobo，意思是愚蠢、傻气。

雪雁经常排成人字形飞行。

雪雁

大多数雪雁的身体是白色的。当一群雪雁从你头顶上方飞过时，你就像置身于暴风雪中一样！在北美洲，成群的雪雁是季节变化的标志。每年春天，人们都会抬头目送雪雁飞往北极地区去繁殖。那里有充足的植物供它们食用，所以一般每对雪雁都能养育四五只雏雁。

到了八月，雪雁又会飞回南方越冬。这是一段漫长的旅程，所以它们不时会在沿途的湖泊和田野歇息和进食。人们总是盼着看见南归的雪雁，它们的到来意味着冬天不远了，这忙碌的一年也快结束了。

大麻鳽的嗡嗡声
可以传到 5 千米外。

大麻鳽，非洲、亚洲和欧洲。
凭借长长的脚趾，这种鸟既可以爬上芦苇，
也可以在泥地上行走。

大麻鳽

大麻鳽玩捉迷藏肯定很厉害。这种害羞的鸟生活在沼泽里，它们喜欢在其中生长的茂密的芦苇丛中悄悄潜行。它们羽毛上的条纹图案看起来和芦苇一模一样，遇到危险时，它们只要站立不动，把喙指向天空，就能从捕食者眼前"消失"。

大麻鳽属于鹭科。和其他的鹭科鸟类一样，它们也用长长的腿涉水而行，用矛头状的喙捕鱼吃。春天，雄性大麻鳽会发出嗡嗡声来宣示自己的领地。那声音听起来就像你对着空玻璃瓶的瓶口吹气！

雄鸟

雌鸟

雄性红原鸡会大声啼叫，
俗称"打鸣"。

红原鸡，亚洲。
雄性红原鸡的腿后面长着
名叫"距"的骨质尖刺，
那是它们用来战斗的武器。

红原鸡

你是不是觉得这只鸟看起来很眼熟？它是一只红原鸡。几千年前，最早的家鸡就是利用这种野生鸟类培育出来的。红原鸡产自东南亚的森林，如今依然存在于野外。雌性红原鸡主要是棕色的，这有利于它们坐巢时伪装自己。相比之下，雄性红原鸡的羽毛五颜六色，头上还有招摇的红色皮肤。

家鸡是世界上最常见的鸟。全世界鸡的数量是人类的四倍！有测试表明，它们其实很聪明。它们会做梦，有很好的记忆力，还能解决简单的谜题。

雌性大塚雉
一次最多能产 24 枚巨大的蛋。

大塚雉

　　鸟类的蛋必须保持一定的温度才能孵化。通常，这是通过亲鸟坐在蛋上实现的。但大塚雉有特别的孵蛋方法：制作孵蛋器。大塚雉把大量的树叶和泥土踢到一起，做成一个壮观的土堆，就相当于几辆轿车那么重！然后，雌鸟会在里面产蛋。土堆里的树叶腐烂后会产生热量，使蛋保持温暖。

大塚雉，澳大利亚。
大塚雉是一种体形硕大、长得像鸡的鸟，
顶着一个光秃秃的红脑袋。

美洲红鹮

美洲红鹮是一种水鸟，喙又长又弯。鹮大多是白色、棕色和黑色的，可有些偏偏与众不同。美洲红鹮的羽毛是红色的，而且红得好像刷了颜料。这种醒目的红色来自它们吃的螃蟹、虾等甲壳类动物中的虾青素。这些食物吃得越多，它们的颜色就越红。除此之外，美洲红鹮也吃很多甲虫和蛙类。

美洲红鹮生活在热带湿地中，在树上群聚营巢。远远望去，满树红艳艳的鸟儿，就像挂满了奇异的水果！美洲红鹮在幼年是棕色的，长大后羽毛才慢慢变成红色。

美洲红鹮，南美洲。
除了黑色的翅尖，美洲红鹮
的羽毛完全是红色的。

年幼的美洲红鹮在会飞之前
就会游泳了。

得益于柔软的翼羽，
鸮飞行时几乎是静音的。

乌林鸮

乌林鸮，亚洲、欧洲和北美洲。
乌林鸮的大圆脸看起来酷似卫星天线。
它能把声音收集起来，导向耳朵。

鸮就是我们熟知的猫头鹰，它们拥有惊人的夜视能力和听力，能够在夜间捕猎。在我们什么都看不见的时候，它们依然能发现猎物。虽然许多鸮昼伏夜出，但有些种类，比如乌林鸮，在白天也很活跃。

乌林鸮是世界上体形最大、羽毛最蓬松的鸮之一！它们生活在寒冷的北方森林中，依靠厚厚的羽毛保暖。田鼠是它们常捕的猎物。一听到田鼠的叫声，乌林鸮就会从栖息的地方腾空而起，悄无声息地俯冲下去，用锋利的爪子抓住猎物。田鼠就算生活在地道里，有冬季厚厚的积雪在上方掩护也不安全！乌林鸮照样能听到它们的动静，然后以双脚先着地的姿势扑进雪里抓住它们。

帆羽

雄鸳鸯的帆羽是一种形状奇特的羽毛。每只雄鸳鸯背上都立着一对三角形的橙色羽毛，看起来就像小小的风帆。它们是雄鸳鸯求爱时用来吸引雌鸳鸯的亮点之一。

半羽没有连续平整的轮廓。

半羽

半羽有点像正羽——下半部分蓬乱，上半部分平整，但半羽的羽股之间有缝隙。这种羽毛通常不可见，却有助于鸟类保暖。

卷羽

有些鸟类的羽毛和普通羽毛的形状完全不同。例如，雄性极乐鸟的尾羽不仅非常长，像钢丝一样，而且末端有一个鲜艳的绿色旋涡。雄鸟在向雌鸟求爱时，会把这些羽毛扬过头顶。

正羽

正羽覆盖着鸟类的大部分身体。它们下半部分蓬乱，适合保暖；上半部分平整，有助于形成流线型。通常，正羽只有上半部分有颜色，因为只有这部分可以被看到。

翼羽

翼羽也叫飞羽，它们是形成翅膀的羽毛，附着在鸟类翅膀的骨骼上。翼羽必须质地强韧，才能帮助鸟类在飞行时推开空气，保持浮空。翼羽还兼具炫耀的功能，往往色泽鲜艳。

维多利亚凤冠鸠的后脑勺上有纤羽组成的羽冠。

纤羽

有些羽毛纤细而飘逸，末端还有一个小扇子。这些羽毛被称为纤羽或毛羽，鸟类用它们来求偶或感知周遭的物体。

绒羽

绒羽轻盈而蓬松，不能用于飞行。它们就像一条舒适的毯子，附在鸟的其他羽毛下面，起到保暖的作用。雏鸟刚孵化时，身上覆盖的便是绒羽。

颜色的种类

鸟类身上既有人类能够看见的所有颜色，也有人类看不见的颜色！不过，有些羽毛的颜色其实是假的。这些颜色看起来很鲜艳，但并不是色素的产物，而是由羽毛本身的结构和光线的作用产生的。

羽毛

要说鸟类最重要的特征是什么，大概非羽毛莫属了。所有的鸟类都有羽毛，而且羽毛形状各异，色彩斑斓。对于飞鸟来说，羽毛是让它们飞翔的秘诀，但羽毛还有很多其他的妙用。羽毛可以保暖，防水，协助交流，感知触摸，让体形变得流畅，甚至还能发出声响。此外，羽毛也特别适合在某些鸟类的巢里充当毛茸茸的衬垫。

虹彩羽有着缎面一般闪亮的光泽。

伪装羽

许多鸟类拥有色彩艳丽的羽毛，但也有一些鸟类的羽毛看起来单调无趣。不过，棕色的羽毛配上复杂的花纹却能起到迷彩的效果，帮助鸟类躲避捕食者。雌鸟在孵蛋时通常会利用这身伪装把自己隐藏起来。

尾羽

雄孔雀的尾羽华丽无比。每根长长的羽毛末端都有一个由深浅不一的蓝色和绿色组成的明亮图案，看起来有点儿像眼睛。雄孔雀会向雌孔雀展示这些尾上覆羽，争取打动对方的芳心。

渡鸦

渡鸦是世界上体形最大的鸦属鸟类之一，有着长长的翅膀和有力的喙。它们声音粗哑，叫声是低沉的喉音，与小个头的乌鸦的叫声截然不同。结成伴侣的雌雄渡鸦关系亲密，喜欢比翼而飞。它们成双成对，在空中一起翱翔、滑翔和俯冲。

我们已经知道，人工饲养的渡鸦能解谜题，也能数到 7。渡鸦还很贪玩，这也是智力的另一个体现。人们有时会看到它们从雪坡上滑下，似乎纯粹是为了好玩儿。滑下来后，它们会回到坡顶，再玩一遍。真没想到这些鸟儿竟然喜欢滑雪橇！

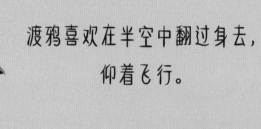

渡鸦喜欢在半空中翻过身去，仰着飞行。

渡鸦，

非洲、亚洲、欧洲和北美洲。

渡鸦会给配偶送礼物，

关的东西通常是食物或筑巢材料。

银鸥

银鸥，欧洲。
银鸥有许多种不同的叫声，
比如"嗷嗷"和"呱呱"。

这些 大鸟就是人们口中的"海鸥"的一种。银鸥既在海边生活，也在内陆生活。它们在城镇的屋顶上筑巢，在海边的悬崖上繁殖。银鸥几乎有什么吃什么，既能抓小动物吃新鲜的，又能翻垃圾堆吃剩下的。这些聪明的鸟儿甚至还会在街上盯梢，随时准备叼走我们掉落的食物。你可能觉得这种行为很烦，可是换个角度想一想，我们应该惊叹银鸥如此机灵才对！

成年银鸥的喙上有一个红点，银鸥宝宝饿了就会去啄它，一直啄到爸爸妈妈为它们呕出灰色的半消化流食才收口。

银鸥每年养育大约三只雏鸟，
而且会为了护巢疯狂喧闹。

和牛一样，
麝雉也利用细菌来帮自己消化叶子。

麝雉

在南美洲的沼泽里，你可能会遇见一种和其他现存鸟类完全不同的怪鸟——麝雉。它既不会走，也不怎么飞。最奇怪的是，身为鸟类，它竟然吃叶子。要知道，吃叶子的动物虽然有不少，可其中很少有鸟类。由于这种特殊的食性，麝雉的粪便看起来像淤泥，闻起来像牛粪。难怪当地人管它们叫"臭鸟"！

麝雉雏鸟的翅膀上也长有爪子。遇到危险时，它们会直接从巢里跳入下方沼泽的水中，等险情解除后，再用翅爪爬上去。随着雏鸟发育成熟，这些翅爪会逐渐消失。

麝雉，南美洲。
这种笨手笨脚的鸟用翅膀来保持平衡。

77

野生鳄梨
是凤尾绿咬鹃最爱的食物。

凤尾绿咬鹃，中美洲。
凤尾绿咬鹃的绿色尾羽非常丝滑，
就像长长的裙裾一样。

凤尾绿咬鹃

在薄雾弥漫的山林中，生活着一种珠光宝气、红绿相间的鸟儿，它们的名字叫凤尾绿咬鹃。这种鸟的身体和鸽子差不多大，却有长得夸张的尾羽。雄鸟的尾羽甚至可以达到身体的两倍长！拖着这样的尾羽生活自然不太方便。孵蛋的时候，它们还得把尾羽当围巾一样缠在身上。

很久以前，玛雅人和阿兹特克人曾经把凤尾绿咬鹃当作风雨之神来崇拜。他们的统治者戴的头饰便是用凤尾绿咬鹃的尾羽制成的。从凤尾绿咬鹃身上采集尾羽后，他们会把鸟放归自然，让羽毛再长出来。如今，凤尾绿咬鹃已经受到保护，吸引着世界各地的观鸟爱好者远道而来。

鸮鹦鹉

鸮鹦鹉是鹦鹉中的另类，是唯一不会飞的鹦鹉。它们长得又大又沉，只能摇摇晃晃地行走。别的鹦鹉大多在白天活动，可它们偏偏在夜晚活动，甚至还有一张猫头鹰似的大圆脸。鸮鹦鹉翠绿的羽毛无比柔软，而且闻起来有点儿像蜂蜜或者陈年木家具。雄鸟用响亮的叫声来互相竞争。它们的叫声回荡在夜空中，吸引着雌鸟。谁叫得最好，谁就会被雌鸟相中。

遗憾的是，鸮鹦鹉是世界上最稀有的鸟类之一，只剩下 250 只左右，主要分布在新西兰周边的岛屿上。为了挽救这个不可思议的物种，人们付出了巨大的努力。

鸮鹦鹉可以活 90 年，
大概算得上鸟类中的长寿之王了。

鸮鹦鹉，新西兰。
鸮鹦鹉的绿色羽毛看起来酷似苔藓，
能在森林中成为很好的伪装。

盔顶珠鸡
在非洲的某些地区被视为圣鸟。

盔顶珠鸡

你看到盔顶珠鸡头上那个奇怪的角了吗？很久很久以前，某些恐龙头上也有和它类似的东西。这其实是一个骨质结构，表面覆盖着和你的指甲成分相同的坚韧物质。科学家认为，盔顶珠鸡用它们的"头盔"来求爱和炫耀。

盔顶珠鸡多数时候过着群居生活。这些鸟喜欢跑来跑去，好像总是很忙似的。如果被什么东西吓到了，它们就会大发雷霆，扯着嗓门狂叫威胁。它们吵闹的叫声听起来很像一群人在咯咯笑。

盔顶珠鸡，非洲。
盔顶珠鸡的头部裸露无毛，脸上挂着"肉垂"。

巨嘴鸟常常用它们的喙打架玩。

巨嘴鸟，南美洲。
你在各种有树的旷野上
都能看到巨嘴鸟的身影。

巨嘴鸟

巨嘴鸟人见人爱！这种鸟之所以能成为红遍世界的鸟中明星，都要感谢那个长得像大香蕉的喙。巨嘴鸟的喙是中空的，所以其实没有看起来那么重。不然的话，它们随时都会从栖木上摔个倒栽葱。你可能会想，嘴巴这么大，活动起来多不方便。可实际上，这个结构特别适合用来叼树梢的果实，抓昆虫、蜥蜴和其他猎物也"嘴"到擒来。巨嘴鸟甚至可以让这个稀世巨喙升温或降温，把它当成调节体温的散热器使用。

巨嘴鸟组成小群活动，用很有辨识度的咕咕声和呱呱声来互相联系。它们听起来就像青蛙或鸭子，只不过嗓门要大得多！

走鹃

走鹃都是飞毛腿。凭借一双强壮的腿，它们能以 30 千米 / 时的速度狂奔！为什么要跑这么快？当然是为了追逐猎物。它们的猎物以蜥蜴、蛇和老鼠为主，但蛇并不是可以随便捏的软柿子，幸好走鹃有特别的降蛇绝技：把蛇在地上摔晕。有时，雌雄走鹃还会组成捕蛇夫妻档，一只负责牵制，另一只趁机偷袭。

走鹃在荒漠和其他干燥的地方安家。它们一般不喝水，而是从食物中获取水分。它们的四个脚趾两个朝前，两个朝后，所以在沙土上留下的脚印就像无数个叉！

走鹃，北美洲。
走鹃生来就适合奔跑。
它们极少飞翔，只在躲
避危险时破例。

极速奔跑时，
走鹃用长长的尾羽来控制方向。

丑鸭

鸭子是池塘和湖泊中常见的鸟类，即使在城镇里也是常客。此外，它们也会出没于一个你可能想不到的地方，那就是水流湍急、泛着白沫的河流。是真的，丑鸭就把家安在了激流中！这些超级强悍的鸭子在北半球冰冷的河流上繁衍后代。更厉害的是，它们竟然可以潜入河底捉昆虫、淡水螺和其他生物吃，甚至还能在足以把人冲走的水流中游泳。

丑鸭在繁殖之后会飞到海边过冬，但它们不会去风平浪静的避风海湾，而是更喜欢风急浪高的岩石海岸。

雌鸟　　　　　雄鸟

丑鸭像老鼠一样吱吱叫，
所以人送绰号"吱吱鸭"！

凤头䴙䴘

你能想象在水面上翩翩起舞是什么感觉吗？这对凤头䴙䴘来说不过是家常便饭。这种动物生活在湖泊中，通过雌雄共舞来缔结关系：两只䴙䴘一边相向而游，一边摇头晃脑，展示自己的鬃毛状饰羽。人类曾经猎杀它们来获取这些羽毛，用作帽子上的装饰物，直到有识之士奔走抗议，这种做法才退出历史舞台。

凤头䴙䴘有着流线型的身体，双脚长在身体后方。这种形态让它们在水里活动自如，在地上却举步维艰。它们潜水抓鱼，然后把猎物混着自己的羽毛吃掉！这是因为羽毛能和食物组成食团，防止鱼刺卡在胃里。

凤头䴙䴘父母
经常让宝宝在它们背上骑大马。

凤头䴙䴘，
非洲、亚洲、欧洲和大洋洲。
凤头䴙䴘有一种舞姿
是叼着水草从水里钻出来。

鹃三宝鸟

**鹃三宝鸟，
马达加斯加。**
雌性鹃三宝鸟的身体
是棕色的，上面点缀
着斑点。雄性的身体
是灰色的，翅膀闪耀
着绿色、蓝色和青铜
色的光泽。

鹃三宝鸟的叫声
听起来就像响亮的汽笛鸣响。

有些鸟实在是独树一帜，让人不知怎么归类才好。鹃三宝鸟就属于
这种情况。它们似乎和世界上其他的鸟都非亲非故。首先，它们的头很大，
相比之下腿脚太小了。它们的眼睛也长在头部中间一个奇怪的位置。总之，
这种鸟是个谜！

鹃三宝鸟生活在马达加斯加岛的森林中。和这座岛上的许多动物一样，
它们也是世界上其他地方没有的奇特物种。雌性和雄性鹃三宝鸟在树顶上
相伴相依。由于它们总是形影不离，当地人常常用"爱情鸟"来称呼它们。

褐拟椋鸟，墨西哥和中美洲。
褐拟椋鸟用植物的茎和叶织
成袜子状的巢。

褐拟椋鸟

褐拟椋鸟是一种体形和乌鸦相当的热带鸟。它们的脸上有一块蓝色的皮肤，尾羽上有黄色的羽毛，嘴巴一半黑一半黄。它们的巢看起来酷似挂在树上的袜子。褐拟椋鸟喜欢聚在同一棵树上繁殖，通常和胡蜂巢相伴为邻。它们为什么这么喜欢胡蜂？因为那些蜇人的昆虫能让捕食者退避三舍，这样一来褐拟椋鸟就能安心地育雏了！

褐拟椋鸟的歌声变化多端，听起来时而如咯咯作响声，时而如汩汩冒泡声，时而如潺潺流水声。

雄性褐拟椋鸟
能够倒挂着唱歌。

爪哇金丝燕

爪哇金丝燕的巢看起来像是用塑料做的，但它唯一的成分其实是这种鸟的唾液！爪哇金丝燕把它们碗状的巢筑在洞壁的高处，这样就能防止里面的蛋被天敌吃掉了。

美洲燕

燕子都用嘴衔泥筑巢。美洲燕的巢下宽上窄，形状像一个梨，顶部有个小小的入口。这些巢通常附着在悬崖峭壁上，在有的桥下和墙上也能看到。

巢壁上的每一团小球都是美洲燕的满满一嘴泥风干后形成的。

金雕

金雕巨大的巢是用树枝搭建的。金雕把巢建在悬崖或树冠上。一对繁殖的金雕每年都会重复利用自己先前筑好的旧巢，还会给它加固，所以它们的巢会越变越大。

阿德利企鹅

阿德利企鹅的巢住起来肯定不太舒适。它们把石头聚成一个小堆，巢就算建好了，然后在上面产下一枚蛋。狡猾的阿德利企鹅会趁其他企鹅不注意时偷走其巢里最好的石头。

欧绒鸭

欧绒鸭的巢超级舒适，因为每只雌鸟都会拔下胸前蓬松的绒羽，铺在巢里保暖。人们有时会在欧绒鸭坐完巢后把其中柔软的绒羽收集起来，制作羽绒被！

长尾阔嘴鸟

一对长尾阔嘴鸟会在树枝上，甚至是电线上用植物的根、茎和枯叶搭建一个形状像麻袋的巢。这种吊巢看起来乱糟糟，但它的构造其实很精巧。

鸟巢

所有的鸟都需要一个安全的地方来存放它们的蛋，为此，许多鸟还会用树枝筑巢，但并不是所有鸟都会这样做。它们有的用草织巢，有的用泥土筑巢，还有一些甚至用自己的唾液筑巢！鸟蛋无法自己调节温度，所以为了让它们获得足够的温度来发育，大多数鸟都会抖开自己的羽毛，伏在巢里的蛋上为它们保暖。我们把这种行为称作孵蛋或坐巢。

黄胸织雀

织雀的巢的精巧程度在所有的鸟巢里数一数二。雄性黄胸织雀小心翼翼地将草绳穿在一起，形成一个只能通过小通道出入的巢室，这种结构让饥肠辘辘的蛇很难进入。

安氏蜂鸟

蜂鸟的巢非常袖珍，不仔细看根本发现不了。安氏蜂鸟的巢比一枚硬币大不了多少，而且它们经常用苔藓和地衣来伪装自己的巢。

欧歌鸫

欧歌鸫在灌木丛或其他植物内用树枝搭建碗状的巢。它们还在巢的里面涂了一层泥巴，做出光滑的内壁，让蛋舒服地待在里面。

棕灶鸟

你相信吗？这个架在树枝上的圆形土堆竟然是鸟巢！它的主人是棕灶鸟。这种鸟之所以叫这个名字，是因为它们的泥巢看起来有点像传统的黏土灶台。

巢的入口位于侧面。

油夜鹰

油夜鹰整夜在林中找果子吃。

油夜鹰，南美洲。
油夜鹰的外观和行为
跟地球上其他的鸟都不一样。

在南美洲的森林深处，某些洞窟里不时传来阵阵尖叫……这些怪叫声出自聚在洞中营巢的油夜鹰。油夜鹰是夜行性动物。和鸮一样，它们的眼睛特别敏锐，在昏暗的光线下也能看清东西。和老鼠一样，它们有着长长的胡须，能够通过胡须来感知周遭环境。和蝙蝠一样，它们也能利用回声在黑暗中定位。油夜鹰每秒能发出多达 250 次咔嗒声，它们一边在洞窟和雨林中飞行，一边发出和倾听这种声音，据此判断周围的情况。这种能力叫作回声定位。它的效果就像用声音来"看"世界！油夜鹰是地球上极少数拥有这种"超能力"的鸟类之一。

日鸦

日鸦，中美洲和南美洲。 日鸦的翅膀上有着令人眼花缭乱的图案，看起来就像一双大眼睛。

在日鸦没有展翅开屏的时候，你很难发现它们。

御敌防身的方法有不少，假装自己不好惹就是其中之一。日鳽采用的正是这种方法。日鳽是一种灰棕相间的鸟，它们活动起来总是蹑手蹑脚，所以大多数时候都能在自己的森林家园里来去无踪。不过，受到惊吓时，它们会突然展开翅膀，亮出上面鲜艳的图案。这时的日鳽看起来就像长了一双圆瞪的巨眼！看到这幅可怕的景象，捕食者往往会望而却步，打消攻击日鳽的念头。

日鳽栖息在林中的池塘和小溪旁。它们虽然不是鹭科动物，却有着和鹭相似的体形和同样适合捕鱼的矛头状的喙。

美洲绿鹭,北美洲和中美洲。
在等待猎物的时候,
美洲绿鹭像雕像一样纹丝不动。

有些美洲绿鹭会用面包来吸引鱼。

美洲绿鹭

捕鱼这件事看似容易，其实很有门道。在这方面，美洲绿鹭是行家。它们在水边或站或蹲，静静地等着猎物送上门来。一旦有鱼游到攻击范围以内，它们就用匕首似的喙把猎物一口叼起。美洲绿鹭甚至能倒吊在树枝上抓下方的鱼。这种鸟在黑暗中也看得清，所以它们还能在夜晚捕鱼。不过，这位捕鱼高手还有一个惊人的绝技，那就是像人类垂钓者一样用诱饵钓鱼。美洲绿鹭会挑选合适的东西当饵，比如一片叶子或一根羽毛，把它们放在水里轻轻摆动。鱼儿们兴高采烈地凑上前来，满以为那是"食物"在召唤，没想到自己却成了美洲绿鹭的美餐。

笑翠鸟

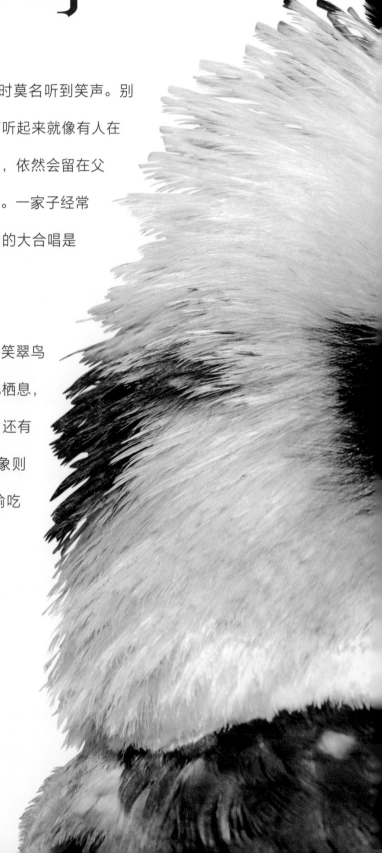

在澳大利亚，你可能会在四下无人时莫名听到笑声。别紧张，那只是笑翠鸟在叫。这种鸟的叫声听起来就像有人在咯咯笑。笑翠鸟在长大到可以离巢生活时，依然会留在父母的地盘里，帮它们养育下一窝弟弟妹妹。一家子经常会突然齐声大笑。这种半是笑声半是尖叫的大合唱是它们用来守护领地的特殊武器。

翠鸟科是一个多姿多彩的大家族，而笑翠鸟是其中体形最大的成员。有些翠鸟在湿地栖息，以鱼类为食。笑翠鸟更喜欢树林、农田，还有花园和公园这样的环境，它们猎食的对象则是蜥蜴和蛇。它们甚至还会厚颜无耻地偷吃蛇捕获的食物！

在人口稠密的地方，
笑翠鸟会从烧烤架上顺走食物！

笑翠鸟，澳大利亚。
笑翠鸟长得比城市的野鸽大。
它们粗壮的喙有个弯钩状的
尖端。

北钩嘴夜鹰

千万别跟北钩嘴夜鹰比赛瞪眼睛！这家伙有一招出人意料的撒手锏——收缩瞳孔，露出瘆人的黄色虹膜！和鸮一样，北钩嘴夜鹰也是夜行猎手，而大眼睛可以帮它们发现可口的昆虫。之后，它们会把嘴巴张得跟脑袋一样大，一口吞掉猎物。

白天，北钩嘴夜鹰坐在树桩上，保持仰头望天的姿势，一动不动。这时的它们跟树皮融合得天衣无缝，好像消失了似的。为了给这副伪装锦上添花，它们还会紧闭双眼。就算这样，它们依然能观察周围的情况，因为它们可以通过眼睑上的窄缝来偷瞄！

北钩嘴夜鹰喜欢在夜里发出类似哭号的声音，
所以也被人们称作"鬼鸟"。

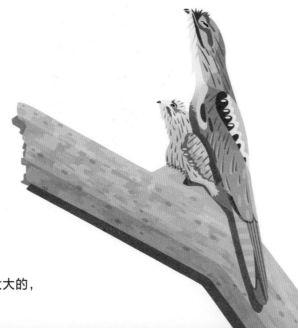

北钩嘴夜鹰，
加勒比地区和中美洲。
北钩嘴夜鹰可以把眼睛瞪得大大的，
吓退捕食者。

北美
黑啄木鸟

在北美洲的森林里，你可能会看到一种大小和乌鸦相当，有着尖喙和草莓色羽冠的鸟儿。它就是北美黑啄木鸟。这种鸟儿喜欢攀附在树上，用喙飞快地敲打树干，频率高到肉眼看不清。这么做是为了挖出藏在木头里的蚂蚁和其他好吃的昆虫。只要树干上到处是四四方方的洞，那就可以确定北美黑啄木鸟光临过。春天，它们以每秒15次左右的速度用喙敲击树干，像敲鼓似的敲得震天响。可以说，敲鼓就是啄木鸟在用自己的方式歌唱！

啄木鸟虽然对树干狂敲猛打，却并不会伤到自己。科学家认为，它们的秘诀可能在于强有力的颈部肌肉，还有头部的特殊结构。

**啄木鸟喜欢在中空的树干上敲鼓，
因为这样的树敲得更响。**

北美黑啄木鸟，北美洲。

啄木鸟夫妇在树上打洞筑巢，养育雏鸟。

这些树洞里面相当拥挤。

小斑几维

小斑几维，新西兰。
小斑几维在夜晚捕食森林
地面上的蠕虫等猎物。

新西兰是许多珍禽异兽的家乡，其中就包括小斑几维，也叫无翼鸟。这些奇特的鸟只有残桩似的短小翅膀，不会飞，都是趁着夜色像老鼠或刺猬一样小步疾走。它们的羽毛稀疏而蓬松，看起来更像头发。不过，小斑几维身上最奇怪的地方却是那个长长的喙。它们的鼻孔位于喙的尖端，和所有其他的鸟类都不同。这意味着，小斑几维把喙插进土壤后，能同时利用嗅觉和触觉来感知地下的蠕虫和昆虫等猎物！

小斑几维主要栖息在个别没有天敌的岛屿上，它们和其余四种几维一样稀少。好消息是，新西兰已经采取了规模格外庞大的保育行动来挽救这些与众不同的鸟！

为了把鼻孔里的土清除出去，
小斑几维时刻都在打喷嚏。

小蓝企鹅

全世界总共有 18 种企鹅，小蓝企鹅是其中最小的一种，而且比其他企鹅明显小得多。它们在直立状态下只有大约 30 厘米高。和所有的企鹅一样，小蓝企鹅不会飞，因为它们的翅膀已经演化成了适合在水中高速游动的鳍状肢。它们小小的鳞片状羽毛排列得十分致密，形成了一层厚厚的屏障，能够帮它们在海上活动时保暖和防水。

这些小家伙也被称作仙企鹅。由于它们个子太小，有不少天敌，所以只在日落后借着夜色上岸活动。尽管如此，它们却并不怕人。有些小蓝企鹅甚至在澳大利亚的墨尔本和悉尼这两座城市附近营巢。有一次，一只小蓝企鹅宝宝竟然左摇右晃地逛上了新西兰的一条机场跑道！

**小蓝企鹅每天都能吃下相当于
自己体重那么多的鱼。**

小蓝企鹅，澳大利亚和新西兰。
小蓝企鹅招呼同伴的声音类似驴叫。

游隼是地球上移动速度
最快的动物。

游隼，
除南极洲以外的世界各地。
游隼锐利的双眼能够追踪
1.5 千米开外的猎物。

游隼

长空之上，一只游隼正在猎食。别的鸟儿得当心了，因为它们都在游隼的菜单上。游隼常常从上方发动突击，在半空中抓住猎物。一旦发现目标，游隼就会收拢翅膀，埋头俯冲。它们俯冲的速度快得让人难以置信，最快时可以达到 390 千米 / 时，比赛车还快！

游隼是一种遍布全球的鸟。它们不仅在六个大洲都有分布，而且在陆地上几乎所有类型的栖息地都能生存。游隼在大城市里也十分常见，它们在桥梁和摩天楼上筑巢。这种了不起的鸟儿甚至摸索出了夜间狩猎的诀窍——利用建筑物和路灯的光亮！

长尾
食蜜鸟

要想看到食蜜鸟，你首先得去有花的地方。这些鸟儿嗜蜜如命，每天都要造访几十朵花。在所有的花里，雍容华贵的帝王花是它们的最爱。食蜜鸟长长的舌头有个刷子似的尖端，能够把香甜的花蜜扫进嘴里。这些鸟儿轻快地往来于花丛间，在访花喝蜜的过程中，它们也在不断地把花粉从一朵花带到另一朵花，无意中发挥着帮植物授粉的作用。

长尾食蜜鸟只栖息于南非的开普半岛。当地的小山坡光照充足，上面开满了种类奇多的野花，其中就包括许多种帝王花。帝王花盛开时是食物最充足的时节，食蜜鸟也会在那时繁衍后代。

长尾食蜜鸟，南非。
食蜜鸟对帝王花的花蜜情有独钟。

站在花上时，
长尾食蜜鸟用它们长长的尾羽保持平衡。

117

利氏蕉鹃

利氏蕉鹃拥有炫目的色彩和尖耸的羽冠。许多观鸟爱好者都想一睹这种惹眼的鸟儿。可是这有点难，因为蕉鹃生性害羞，而且栖息在非洲最茂密的森林里。它们在树梢上不是飞来飞去，而是借着树叶的掩护，像松鼠一样蹦来蹦去。蕉鹃很少下地活动，只有喝水和洗澡时除外。

蕉鹃的羽毛非常特殊。它们的鲜绿色和红色是由含铜的稀有色素形成的，而这些色素来自水果，那是它们最爱吃的食物。有一个流传广泛的故事说，蕉鹃明艳动人的色彩在淋雨后会褪掉。幸好这只是一个传说！

蕉鹃的脚趾与众不同，
它们可以旋转拇趾来抓住树枝。

利氏蕉鹃，非洲
这种蕉鹃的体色以绿色和蓝色为主。
它们华丽的绿色羽冠顶端为白色。

118

斑尾塍鹬，
非洲、亚洲、欧洲、
北美洲和大洋洲。
斑尾塍鹬捕食泥滩中
埋藏的蠕虫和螺。

斑尾塍鹬

图中是一位"世界冠军"，它刚刚完成了绕地球半圈的飞行！斑尾塍鹬在地球最北边的北极圈营巢，在南半球泥泞的海滩上越冬。为此，它们要完成所有鸟类中最长的不间断飞行。我们是怎么知道的？因为科学家在一些斑尾塍鹬的腿上安装了追踪器。

斑尾塍鹬在启程前会胡吃海塞以便增肥，为长途飞行储备"燃料"。此外，它们还会长出新的飞羽，心脏肌肉和飞行肌肉也会变大，这样才能为艰苦的远航做好准备。

一只斑尾塍鹬能在 11 天的时间里
连续飞行 12000 千米以上。

雪鹱，南极洲及其附近海洋。
雪鹱可以喝海水，
并且用喙上的管鼻滤出其中的盐分。

雪鹱

你看见雪鹱就知道它们为什么叫这个名字了，因为它们那身纯白的羽毛看起来就像是用雪做的。不过，你可别因为这样就以为雪鹱弱不禁风。它们生活在地球上最冷的地区——南极洲和其附近冰封的海洋。科学家甚至在南极点也看见过它们。要知道，那里基本上是生命的禁区。

雪鹱一边在冰冷的大海上空轻快地拍着翅膀，一边寻找食物。和许多鲸类一样，雪鹱主要吃磷虾。如果飞累了，它们会落在冰山上休息。如果别的鸟离雪鹱的巢太近，雪鹱就会张开嘴巴，喷射臭臭的橙色呕吐物来招待不速之客！

为了清洁羽毛，雪鹱会在雪地里打滚。

小长尾鸠，非洲和西亚。
这种娇小的鸠鸽科鸟类只比麻雀
大一丁点儿，但尾羽却很长。

鸠鸽

铜翅鸠，澳大利亚。
除了密林之外，在各种各样的
栖息地都能看到这种肥嘟嘟的
鸟儿。

鸠和鸽有什么区别？答案是几乎没有！鸠鸽科鸟类的外形、大小和色彩都十分丰富。通常，它们走起路来会不停点头，好像在打拍子似的。鸠鸽科鸟类的亲鸟能在喉咙里分泌一种营养丰富、类似乳汁的液体来哺育雏鸟。

有些种的鸠鸽科鸟类已经变得十分稀少。例如，野生的粉红鸽曾经只剩下 10 只。后来，经过人工圈养，这种美丽的鸟儿现在有了 500 只左右。这个暖心的行动让我们看到，珍稀鸟类是能够挽救的——只要我们及时行动。

粉红鸽，毛里求斯。
粉红鸽只栖息在毛里求斯岛的森林中。
它们吃植物的果实、花和种子。

鸠鸽科鸟类聪明伶俐，
有的甚至会打乒乓球！

厚嘴绿鸠，南亚。
粗粗的喙使这些鸟儿可以吃水果，
尤其是野生无花果。

尼柯巴鸠，南亚。
这些鸟的脖子和胸部周围
有一条长长的羽毛组成的
"披肩"。

冠翎鹑鸠，澳大利亚。
冠翎鹑鸠的雄鸟和雌鸟
都有高高尖耸的羽冠。

原鸽，世界各地。
这些鸟原本在海崖上
营巢，如今在城市里
也寻常可见。

非洲灰鹦鹉

非洲灰鹦鹉解谜的速度比五岁的小孩子还快。

听到那阵大合唱似的震耳欲聋的尖叫了吗？那表明附近有鹦鹉出没。

这些鸟儿特别吵闹，喜欢成群结队地在森林里飞来飞去，寻找水果、坚果、花朵等植物能吃的部分。许多鹦鹉都长得鲜艳夺目，有着五彩斑斓的羽毛，可是非洲灰鹦鹉却相对单调。不过，它们却是出色的模仿者。人工饲养的非洲灰鹦鹉经常学人说话，有些甚至能学会 150 个词。

科学家艾琳·佩珀伯格研究一只名叫亚历克斯的非洲灰鹦鹉已有 30 多年。她发现，亚历克斯不仅会数数，还会辨认不同的颜色和形状，甚至能提出简单的问题。另外，由于亚历克斯喜欢被挠痒痒，它还会让人多挠挠它！

非洲灰鹦鹉，非洲。
相对于它们的头部，鹦鹉的大脑很大，
所以它们的智力在所有鸟类中名列前茅。

127

簇羽海鹦，亚洲和北美洲。
这些鸟儿是生活在海上的鹦鹉，
有着粗壮的喙和俏皮的羽毛。

一只簇羽海鹦的喙里可以放下 20 条鱼。

簇羽海鹦

簇羽海鹦这种海鸟看起来就像要去参加聚会似的！它们一身"黑衣"，脸戴一张亮白色的"面具"，头上垂着两条弯弯的金黄色"辫子"。不过，它们只在繁殖季节才"穿"得这么潮，到了夏末，它们会把漂亮的羽毛换成单调的黑色，喙上彩色的部分也会脱落。

强悍的簇羽海鹦不怕海上的狂风暴雨。和企鹅一样，它们潜到水下捕食鱼类、鱿鱼和磷虾，利用翅膀在水下"飞翔"。成年的簇羽海鹦配对后和伴侣终身相守。它们在多石的海滩和海岛上营巢，每年一起抚养一只毛茸茸的雏鸟。

剪尾王霸鹟

剪尾王霸鹟，北美洲和中美洲。
这些身手不凡的鸟儿甚至可以
在空中做后空翻。

美国的鸟中，
只有剪尾王霸鹟拥有这样的尾巴。

剪尾王霸鹟的尾羽是它们的秘密武器。起飞的时候，长长的尾羽像一把剪刀一样打开。这能帮助它们在空中扭身转向，捕捉飞虫。剪尾王霸鹟经常会突然扑到地上，抓住蚱蜢和甲虫。

夏天，这些迷人的鸟儿出没于美国南部。它们喜欢歇在路边的围栏上，把猎物尽收眼底。配对的剪尾王霸鹟会一起守卫领地，容不得其他的同类涉足。一旦发现不速之客，它们就把对方撵走。繁殖期过后，剪尾王霸鹟会南迁到更暖和的中美洲越冬。春回大地时，它们又会飞回来。

白骨顶

猜猜什么鸟拥有这样一双怪脚！应该就是白骨顶了。它们的前脚趾看起来好像泡肿了似的，但这其实是正常的。额外的瓣状蹼膜能帮助这种水鸟在湖泊和池塘里划水，或者在软泥中吧唧吧唧地行走。实际上，这些瓣状蹼膜和鸭蹼的作用几乎一样。

白骨顶的另一个标志性特征是额头上明亮的角质额枝。它们可能利用这个没有羽毛的部位来辨别彼此，或者进行求偶展示。在繁殖季节，白骨顶会变得脾气暴躁。其他同类只要离它们漂浮的巢太近，就会先遭受一顿暴打再被赶走。

对打的时候，
白骨顶会出脚猛踹。

白骨顶，非洲、亚洲、
欧洲和大洋洲。
白骨顶脚上宽大的瓣状
蹼膜能防止它们陷进柔
软的泥地。

北极燕鸥

北极燕鸥可以在大洋之上一连滑翔好几个小时。技艺高超的它们甚至能在波涛上悬停。和许多海鸟一样，它们也吃鱼，也会哗啦一声扎入水中抓鱼。

北极燕鸥是鸟类中的迁徙之王。它们在地球北部，远至北极圈的海岸地区繁殖。在繁殖季养育多达三只雏鸟后，它们会飞往远至南极附近的海洋。对某些北极燕鸥来说，回程可能长达 95000 千米。这相当于绕着地球赤道飞了两圈半！更厉害的是，它们每年都要这样飞一趟！

北极燕鸥，世界各地的海洋。
北极燕鸥拥有长长的翅膀和轻盈的身体。

北极燕鸥每年过两次夏天，
从来不过冬天。

135

大杜鹃

大杜鹃都是骗子。它们既不筑巢，也不育雏，而是骗别的鸟来代劳！大杜鹃的雌鸟偷偷地把蛋产在其他鸟类，比如苇莺的巢里。它们的蛋看起来和受骗对象的蛋一模一样，所以巢的主人浑然不知。大杜鹃的雏鸟孵化出来后，会把巢里其他的蛋和雏鸟统统推出去，独占莺巢。之后，它会被蒙在鼓里的养父母当成自己的孩子喂养。

其实全世界有许多种不同的杜鹃，它们大多自己养育后代。

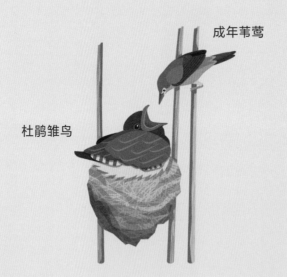

成年苇莺

杜鹃雏鸟

大杜鹃，非洲、亚洲和欧洲。
春天，雄性大杜鹃会"布谷，布谷"地唱歌。

雌性大杜鹃会产下 10 个或更多的蛋，
并且都产在不同的巢里，
让别的鸟代养。

黄腹山鹪莺

黄腹山鹪莺并不艳丽，它呈黄绿色，比麻雀还小，但它产下的蛋却非常漂亮！蛋的颜色来自一种红色素，而所有鸟蛋的颜色都是这种色素和其他色素混合的结果。

肉垂水雉

肉垂水雉是一种涉禽，在河边用水草搭建的巢中产蛋。蛋上凌乱的黑纹和黄色的外壳可以帮助它们伪装起来，躲避捕食者。

········· 杂乱无章的图案有助于掩盖蛋的轮廓。

鸟蛋

蛋就是硬壳的卵，它们是自然界最美的东西之一。鸟类用下蛋的方式来繁殖后代。一些爬行动物，包括鸟类的祖先恐龙，也是如此。蛋是让雏鸟安全成长的城堡。坚硬的蛋壳保护发育中的胚胎，同时蛋壳上有微小的气孔供氧气进入。不同鸟类的蛋看起来截然不同。它们几乎可以是任何颜色的，而且许多都有复杂的图案。

········· 崖海鸦的蛋有一头是尖的。

圭拉鹃

和某些种类的鹃形目鸟类不同，圭拉鹃会亲自照顾自己的蛋和雏鸟。圭拉鹃的蛋在产下时是白垩色的，但是这层外壳会逐渐剥落，露出下面海蓝色的精美内壳。

崖海鸦

它们的蛋看起来就像被泼了棕色的颜料。每个蛋表面扭曲的纹路都是独一无二的，这可能有助于亲鸟在鸟群营巢的地方找到自己的蛋。

红喉北蜂鸟

蜂鸟蛋比其他的鸟蛋都要小，其中最小的只有豌豆那么大！有些蜂鸟蛋只需两周就能孵化。

剪尾王霸鹟

许多鸟蛋的表面都有点状或
块状的花纹。剪尾王霸鹟的
蛋看起来就像斑点狗。和点状
图案或扭线图案的蛋一样，这些花
纹可能有助于蛋在鸟巢中隐藏。

旅鸫

旅鸫蓝绿色的蛋特别显眼。
许多种类的鸟产下的蛋都
是蓝色的，其中的蓝色都
来自一种名叫胆绿素的色
素，不同在于蓝色的深浅
会有差异。

鸵鸟

鸵鸟是世界上体
形最大的鸟，它们
产的蛋也是最大的。每
枚鸵鸟蛋长约 15 厘米，重量
相当于 24 枚鸡蛋！

猎隼

和许多隼蛋一样，猎隼蛋的表面也
分布着许多有助于伪装的斑点。这
些蛋要么产在其他鸟类用过的窝里，
要么产在悬崖峭壁上。

凤头鹬

凤头鹬的蛋表面光亮如镜，
看起来不像是鸟类下的
蛋。不同种类的鹬产下的
蛋颜色各异，有粉红色，
有蓝色，也有棕色。凤头
鹬产下的蛋则是草绿色的。

白玄鸥

白玄鸥是在热带岛屿上繁衍的小型海鸟。它们一次只产一个蛋，但它们不筑巢，而是直接把蛋产在树枝分杈或凹槽处！不知亲鸟用了什么方法，竟然可以在不撞落蛋的情况下孵蛋。雏鸟破壳而出后，必须用尖利的爪子牢牢抓住树枝，不然就会掉下去。有时，白玄鸥会把蛋产在岩石上，甚至是建筑物的窗沿上。这么做看似危险，却能让蛋远离地面的捕食者。

白玄鸥在海上点水抓鱼，一次可以给雏鸟带回好几条。当它们从你头上飞过时，你会发现，那对洁白的翅膀几乎是半透明的。

这些帅气的白鸟也被称作白燕鸥。

白玄鸥，印度洋和太平洋
白玄鸥喜欢把蛋产在稀奇古怪的地方

140

流苏鹬

雄鸟　　　　　　雌鸟

流苏鹬妈妈独自养育雏鸟，
爸爸不会帮忙。

流苏鹬很爱出风头。每年春季，雄性流苏鹬都会聚在一起跳舞，好像在举行舞林大会！它们为什么要这么拼呢？当然是为了取悦前来欣赏的雌性流苏鹬。只有跳得最好的雄鸟才能得到雌鸟的青睐，然后喜结连理。

流苏鹬是一种鸻形目鸟类，它们用一双长腿涉水，把长喙伸进水里、草丛里和泥里去觅食。春季，雄性流苏鹬的头部和颈部都会长出爆炸流苏状的羽毛。这些羽毛组合在一起看起来很像几百年前欧洲富人花哨的褶皱衣领，也就是襞襟。

流苏鹬，非洲、亚洲和欧洲。
雄鸟脖子上的"襞襟"可以是白色、黑色、金色或锈红色的。

戴胜

戴胜以歌声优美著称。它们用柔美的声音呼呼呼叫着来宣示领地，吸引配偶。雄鸟和雌鸟都有一个华丽的尖顶羽冠，由棕红色的羽毛和黑白相间的羽尖组成。兴奋的时候，它们会把羽冠扬起和展开。飞行的时候，它们的翅膀显得非常轻盈，让它们看起来就像巨大的蝴蝶在翩翩起舞。它们用优雅的弯喙捕捉甲虫、小型蜥蜴和其他猎物。

人类一直对戴胜着迷不已。古埃及人的绘画和象形文字里都有它们的身影。它们还出现在了一些宗教的典籍中。

戴胜，非洲、亚洲和欧洲。
戴胜爸爸和戴胜妈妈都会给
戴胜宝宝喂食。

戴胜宝宝遭遇攻击时，
会像打水枪一样朝敌人喷射粪便！

安第斯
冠伞鸟

破晓时分，在南美洲薄雾弥漫的森林之中，你会听到一阵惊天动地的喧闹声。一群亮橙色的鸟儿聚集在同一棵树上，像猪一样嘶鸣。它们似乎激动不已，在树上飞来飞去，上蹿下跳。这是怎么回事呢？这些鸟是安第斯冠伞鸟，而且都是雄鸟。每天早上，它们都会出现在同一棵树上，炫耀自己的美丽。雌鸟是棕色的，它们会到树上观赏，从中选出演得最棒的雄鸟作配偶。

之后，雌鸟会进入林中，独自抚养后代。这些神奇的鸟把巢筑在岩壁上，所以也被称为"岩鸡"。

雄性安第斯冠伞鸟
长得好像头上顶着半个橙子！

安第斯冠伞鸟，南美洲。
雄鸟的羽冠像一把扇子，
遮住了它们的喙。

一只冠蓝鸦
在秋季可以埋藏多达 5000 颗橡子。

冠蓝鸦

冠蓝鸦的颜色是令人惊艳的蓝色……真的吗？这些鸟儿有一个让人意想不到的秘密——它们其实并不是蓝色的，而是棕色的！就像晴朗的天空一样，它们的羽毛之所以显现出蓝色，是因为羽毛中的气穴让光发生了散射。

森林是冠蓝鸦的主要栖息地，里面时刻回荡着它们响亮的尖叫声。它们也喜欢城市的公园和花园。冠蓝鸦吃很多种不同的东西，尤其是橡子等坚果。秋天，它们会收集许许多多的橡子，埋起来，准备留到冬天再吃。虽然冠蓝鸦很聪明，记忆力也好，但它们总是会忘记一些橡子藏在哪里，而这些被遗忘的橡子后来会长成新的橡树。这意味着，冠蓝鸦无意中发挥着植树造林的作用。

冠蓝鸦，北美洲。
冠蓝鸦的翅膀有着黑蓝相间
的精美花纹。

149

须钟伞鸟

热带森林里热闹非凡，无论你走到哪里，都能听到许多不同鸟儿的叫声和歌声。然而，当雄性须钟伞鸟歇在树顶上，发出求偶的叫声时，你还是一下子就能认出它们！它们是地球上叫得最响的鸟类。钟伞鸟有四个品种，它们的叫声各不相同。雄性须钟伞鸟一遍又一遍地叫着"锵！锵！锵！"，听起来既像钟在报时，又像锤子在敲金属。

雄性须钟伞鸟的嘴里是含着很多条虫子吗？并不是。它们嘴边垂下来的特制"胡须"看似一条条虫子，其实是一缕缕黑色的羽毛。雌鸟没有这种古怪的特征，而且雌鸟的羽毛是绿色的。雌鸟也比雄鸟安静得多——事实上，它们几乎一声不吭。

雄性须钟伞鸟的叫声就跟警笛一样响亮。

雌鸟

雄鸟

须钟伞鸟，南美洲。
雄性须钟伞鸟在一两岁大时长出"胡须"。

南非沙鸡

南非沙鸡可能会飞出
50 千米去找水。

荒漠和干燥多灰的平原上环境恶劣，可是那里依然有鸟类的身影。南非沙鸡就是在这类极端条件下生存的专家。每天上午，它们会聚集成群，长途飞行到一处池塘喝水。之后，四散开来，去沙土地上找种子吃。沙色的羽毛和周遭环境看起来一模一样，能够帮助它们躲避死敌——猛禽。

南非沙鸡的雏鸟不会飞，而且很快就会口渴。每当这时，成年雄鸟就会拿出一手不可思议的本领：它们坐在水里，浸湿肚子上的羽毛，然后飞回巢，让雏鸟吸它们湿透的羽毛，享用一份清爽的饮料！

南非沙鸡，非洲。
这些非同寻常的鸟儿有着类似鸽子的身体，两条小短腿和一个尖尾巴。

古巴咬鹃的亲鸟
常常给雏鸟喂蜥蜴吃。

古巴咬鹃

咬鹃喜欢歇在树半腰上，一动不动地坐着。这时的它们完全融入了森林家园的背景，如同隐身了一样。不过，当你总算发现它们时，那身华丽的羽毛肯定能让你大饱眼福。

全世界总共有大约 40 种不同的咬鹃，它们全都分布在热带森林里。古巴咬鹃是岛国古巴特有的物种，当地人根据这种鸟儿奇特的叫声管它们叫 tocoroco。古巴咬鹃以各种水果、花蕾和昆虫为食，在树干上的洞里筑巢。通常，它们会直接住进啄木鸟已经筑好的洞里，因为住现成的比自己挖洞轻松得多。

古巴咬鹃，古巴。
为了守住自己的栖木，
雄鸟会张大嘴巴，
伸展翅膀和尾巴，发出警告。

155

双领鸻

双领鸻的英文名字有点儿惊悚——killdeer（"杀鹿"）。别担心，它们并不会真的杀鹿，这个名字只是来源于它们"kill-deer"的叫声，那种声音在北美洲的许多地方寻常可闻。双领鸻属于鸻形目。它们和其他的近亲一样，也用一双长腿来涉水，但通常住在离水很远的地方。你在多草或多石的地面都能看到它们，比如马路边，甚至是机场、停车场和建筑工地。

看到狐狸之类的捕食者悄悄接近自己的巢时，双领鸻会使出一招妙计：它们在地上扑腾翅膀假装飞不起来，故意让捕食者以为自己受伤了，是唾手可得的美餐。等对方上钩时，狡猾的双领鸻突然飞回巢，让捕食者一头雾水，两手空空。

双领鸻不怕人，而且可以变得很温驯。

双领鸻，美洲。
遇到捕食者时，双领鸻会假装翅膀折断了。

火红
辉亭鸟

辉亭鸟是自然界最了不起的建筑师之一。

为了吸引配偶，各种鸟都要花不少功夫。许多鸟会唱歌，或者长有漂亮的羽毛。有的会跳舞，有的会进行戏剧性的飞行表演。雄辉亭鸟则用自己的建造技巧来博取雌辉亭鸟的芳心。在森林中，雄辉亭鸟会先用树枝和树叶搭建结构精巧的巢，之后，还会用鲜花、浆果、闪亮的甲虫鞘翅、蜗牛壳和其他惹眼的东西来装饰自己的杰作。

雄性火红辉亭鸟的巢是用树枝筑成的两堵整齐的墙，形似凉亭或拱廊。两堵墙之间的通道就像一条林荫道，雄鸟会像走秀一样大摇大摆地从中走过。然而，雌鸟却很挑剔，它们会参观不同雄鸟的凉亭，从中选出自己最中意的一个。

雌鸟

雄鸟

火红辉亭鸟，新几内亚岛。
站在自己搭的拱廊下时，火红辉亭鸟本来就绚丽的羽毛看起来更美了。

长尾娇鹟

不跳舞的时候，
长尾娇鹟其实很害羞。

雄鸟

雌鸟

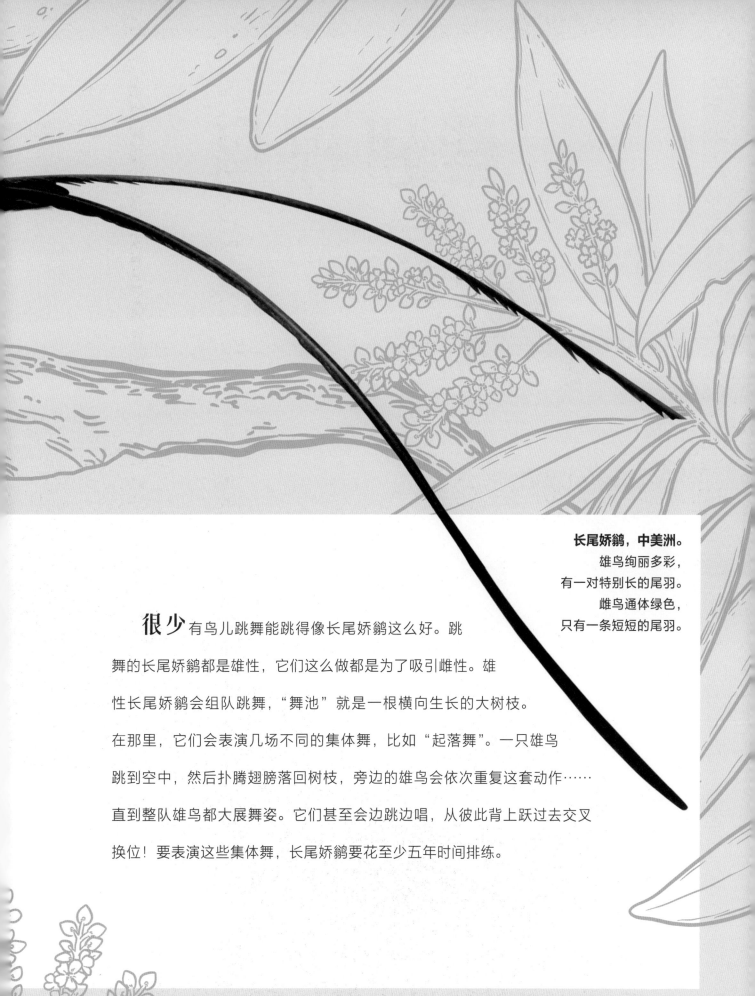

长尾娇鹟，中美洲。

雄鸟绚丽多彩，
有一对特别长的尾羽。
雌鸟通体绿色，
只有一条短短的尾羽。

很少有鸟儿跳舞能跳得像长尾娇鹟这么好。跳

舞的长尾娇鹟都是雄性，它们这么做都是为了吸引雌性。雄

性长尾娇鹟会组队跳舞，"舞池"就是一根横向生长的大树枝。

在那里，它们会表演几场不同的集体舞，比如"起落舞"。一只雄鸟

跳到空中，然后扑腾翅膀落回树枝，旁边的雄鸟会依次重复这套动作……

直到整队雄鸟都大展舞姿。它们甚至会边跳边唱，从彼此背上跃过去交叉

换位！要表演这些集体舞，长尾娇鹟要花至少五年时间排练。

紫翅椋鸟

一群齐飞的椋鸟在英语中被称作"嘀咕"（murmuration）。

如果树上突然传来了电话铃声，请不要慌张。那里可能有一只紫翅椋鸟！这种聪明的鸟儿能模仿各种声音，什么电话铃声、电动工具声和其他鸟类的声音都不在话下。而且它们像作曲家一样，会把学来的声音跟自己的叽喳声还有嘘嘘声进行"混音"。

冬季的傍晚，椋鸟聚在一起准备歇息。铺天盖地的鸟儿会先在天空中盘旋一阵，然后才安顿下来过夜。它们紧紧地飞在一起，一边飞一边不断地改变方向，让猛禽很难针对鸟群中的某一只鸟下手。椋鸟群在空中翻腾扭转，形成各种奇妙的图案，但它们从来不会相撞。数以百万计的鸟儿整齐划一地行动，如同一个巨型生物。

紫翅椋鸟，
非洲、亚洲和欧洲。
椋鸟群在空中齐齐转向，
看起来就像一团黑云。

乌鸦

乌鸦是特技飞行专家。它们有宽大的翅膀，一旦发现危险就能立刻起飞，迅速转向。它们的翅尖上还有帮助它们捕捉气流的缝隙。

白鹳翼尖的羽毛能像手指一样分开。

棕胸佛法僧

为了赢得雌鸟的青睐，雄性棕胸佛法僧会上演精彩纷呈的特技飞行。在这些表演中，它们看起来似乎在空中不断翻滚。棕胸佛法僧捕猎时，会耐心地等待猎物出现，然后俯冲下去，突然袭击。

白鹳

白鹳的翅膀又大又宽。它们在空中时而缓缓振翅，时而奋力高飞。白鹳翼尖的羽毛像手指一样分开，有助于在上升过程中捕捉暖气流。

棕胸佛法僧炫技表演时，会快速拍打翅膀，炫耀它们蓝色和绿松石色相间的绚丽羽毛。

鸟翅

所有的鸟儿都有翅膀，即使某些鸟儿不会飞。鸟类的翅形和各自的生活方式相适应——信天翁的翅膀又长又结实，可以让它们绕着地球不间断地飞行两圈；企鹅的翅膀很重，可以帮助它们潜入深达 450 米的海底。只要观察鸟类的翅形，你就能大概猜出它们一生中有多少时间是在空中度过的。

黑眉信天翁

黑眉信天翁的翅膀很长，特别适合长途翱翔。利用海浪上方的上升气流，它们几乎不用扇翅膀就能保持浮空。得益于特殊的翅形，它们只用很少的能量就能飞很远。

白腰雨燕

白腰雨燕的形状有点像喷气式飞机。它们用狭长弯曲的翅膀在空中作"之"字形急转，或者从高空骤降捕食昆虫。和普通雨燕一样，白腰雨燕很少着陆，甚至连睡觉时也在飞行。

棕尾蜂鸟

蜂鸟虽小，却是飞行健将。它们的翅膀不是上下扇动，而是呈"8"字形运动，这使它们能够不断地推动空气。蜂鸟可以在空中悬停，甚至还能身体翻转飞或倒着飞。

仓鸮

鸮利用奇袭来捕猎。它们的翅膀天生就适合悄无声息地扇动，以免惊动下方的猎物。翅膀后面的羽毛有着柔软的边缘，可以消除空气冲过翅膀时产生的噪声。

帝企鹅

企鹅太重，无法飞行，但它们又长又薄的翅膀非常适合在水中划动，就像在空中飞翔一样。潜水的时候，企鹅一边拍打翅膀游泳，一边靠厚厚一层防水的羽毛保持干爽。

主红雀

这些艳丽的鸟儿真是要多红有多红，连喙都是红色的。不过，只有雄鸟看起来如此鲜艳。雌鸟因为要在营巢时隐藏起来，所以只有粉灰色或棕色的羽毛。

这些鸟儿喜欢光顾喂鸟器，是花园和公园中一道亮丽的风景线。向日葵的种子是它们的最爱。春天，雄鸟会嘴对嘴地向雌鸟赠送食物。这些神仙眷侣还经常用动听的口哨二重唱来加深感情。

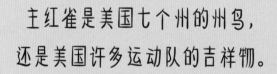

主红雀是美国七个州的州鸟，还是美国许多运动队的吉祥物。

主红雀，北美洲。
雄性主红雀的羽毛
大多是红色的，
只有喙周围的是黑色的。

噪八色鸫

这些小鸟真的很聒噪。一年中一半的时间里，它们响亮的口哨声都不分昼夜地回荡在森林中。在其余时间，它们却一声不吭。噪八色鸫在森林的地面上蹦蹦跳跳，找落叶间的蜗牛、甲虫和蚯蚓吃。它们通常会把蜗牛摔在自己最爱用的一块石头上，砸碎外壳，露出里面美味多汁的肉。噪八色鸫有时会用沙袋鼠（一种小型袋鼠）的粪便涂抹自己的巢。这种做法听起来很恶心，却是一种有效的防蛇方法。因为沙袋鼠的粪便奇臭无比，足以让蛇嗅不到鸟巢在哪里。

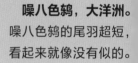

噪八色鸫，大洋洲。
噪八色鸫的尾羽超短，看起来就像没有似的。

雌性和雄性的噪八色鸫
都有五颜六色的羽毛。

河乌

有些河乌的巢建在瀑布后面。

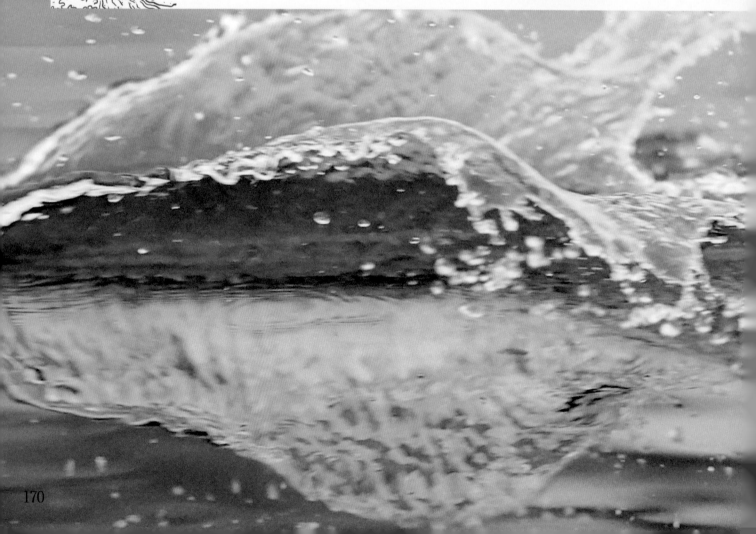

在水下行走，想想就厉害。这些叫河乌的鸟儿就能！河乌生活在山涧和河流附近。它们常常站在湍急流水旁的石头上，然后突然跳进水里，像变魔术似的消失不见。不用说，它们潜到了水下，在多石的河床上行走，寻找水生昆虫、小虾和其他猎物。它们还能在水下挥动翅膀，推着自己游动。

河乌的身体圆圆的，跟一个橘子差不多大。它们是唯一既能在水下行走和游泳，又长得这么小的鸟类。河乌的英文名意为"蘸水鸟"，这是因为它们有一种让人摸不着头脑的习惯：它们喜欢站在岩石上，让身体小幅度地上下抖动，频率可以高达每分钟 50 次。

河乌，亚洲和欧洲。
河乌嗖嗖地拍打翅膀，贴着水面疾飞。

太平鸟，亚洲、欧洲和北美洲。
太平鸟用翅膀和尾巴保持平衡。

太平鸟

如果你听到一种很有辨识度的轻柔哨声，那可能是太平鸟告诉你它正在附近。这些美丽的鸟儿有着灰褐色的身体和尖耸的羽冠。夏季，它们生活在北半球的松树林中，捕食飞虫。到了冬季，它们却会改吃浆果。在有些年份，树林里没有足够多的浆果，饥饿的太平鸟就会飞往遥远的南方。它们经常飞到城市地区，你甚至可以看到它们在繁忙街道旁有浆果的树上大快朵颐。来往的车辆和噪声似乎一点也不妨碍它们。太平鸟的某些翅羽顶端会出现一层奇特的红色蜡层，这可能是它们发育成熟的标志。正是由于这种与众不同的蜡质翅膀，所以这些鸟儿也被称作蜡翅鸟。

一只太平鸟一天就能吃下 800 多颗浆果。

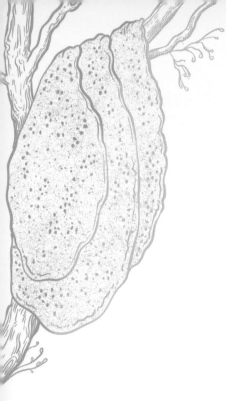

黑喉
响蜜鴷

蜂巢里满是好吃的东西。可是，像黑喉响蜜鴷这样的小鸟很难破开蜂巢，所以它们会请外援——黑喉响蜜鴷发出一种特殊的叫声，引来蜜獾，把它带到蜂巢旁。等强壮的蜜獾把蜂巢撕开，吃饱喝足后，黑喉响蜜鴷也能享用自己的那一份。黑喉响蜜鴷既吃蜂蛹，也吃蜜蜂用来筑巢的坚固的蜂蜡。通过合作，鸟和獾都能美美地吃上一顿。

在非洲的某些地区，黑喉响蜜鴷还会用口哨声引导人们前往满是蜂蜜的蜂巢，通过合作分得食物。这是一个野生动物与人类合作的罕见例子。

响蜜鴷是唯一能吃蜂蜡的鸟类，
但它们还是得当心被蜇！

黑喉响蜜䴕，非洲。
黑喉响蜜䴕长得皮糙肉厚，
这样才能顶着蜂蜇劫巢。

虎皮鹦鹉

在澳大利亚，你可以看到成群的黄绿色鸟儿在天空中飞来飞去，那是虎皮鹦鹉，一种尾巴长长的小鹦鹉。虎皮鹦鹉的栖息地炎热干燥，所以它们要飞很远去寻找水和种子来食用。若哪里好不容易下雨了，大批的虎皮鹦鹉会从四面八方赶过去。这是因为雨水能让植物生长，虎皮鹦鹉有充足的食物可吃了。

虎皮鹦鹉又叫"娇凤"，是世界上最受欢迎的宠物之一。它们被培育出了许多鲜艳的颜色，比如淡蓝色和紫色。虎皮鹦鹉正常的叫声是欢快的啾啾声，也可以学人说话。

一个虎皮鹦鹉群会大到有好几千个成员。

虎皮鹦鹉，澳大利亚。
虎皮鹦鹉在中空的树干里筑巢。
一棵树里会住几对虎文鹦鹉夫妇。

177

冬眠的北美小夜鹰几乎像石头一样冰冷僵直。

北美小夜鹰

有些生物会在冬天睡觉，一觉睡到春暖花开。我们把这种深度睡眠称为冬眠。熊、蝙蝠和许多其他动物都会冬眠，但冬眠的鸟类只有一种，那就是北美小夜鹰。北美小夜鹰可以冬眠好几个月。冬天来临时，它们会躲进岩石之间，把体温降低到 5 摄氏度。它们也会将心跳和呼吸减慢到几乎毫无生命迹象。难怪北美洲的霍皮人管这种鸟叫"沉睡者"。

北美小夜鹰是一种夜行性鸟类。夜里，它们如同大号的飞蛾掠过夜空，捕食昆虫。白天，它们则在地面上休息。北美小夜鹰的英文名字叫 poorwill，这是因为它们怪异的叫声听起来很像 poor-will 的发音。

北美小夜鹰，北美洲。
灰棕相间的羽毛可以帮助北美小夜鹰在地面藏身。

小蜂虎

小蜂虎喜欢依偎在一起。它们一落到树枝上，就会摇摇晃晃地挪到一起，排排坐好。成群结队的小蜂虎在非洲是一道常见的风景。它们通常在河边和草原上栖息，在沙岸上挖洞筑巢。

看到"蜂虎"这个名字，你大概已经猜到这些小鸟以蜜蜂为食了。不过，它们也会捕食胡蜂。它们用滑翔、翱翔或俯冲的方式抓住猎物，然后在树枝上摔打猎物，并用力挤压。这么做既能杀死昆虫，又能去掉螯针，让自己安全地吞下去。小蜂虎平均每五分钟就能逮到一只蜜蜂或胡蜂。

小蜂虎，非洲。
一群小蜂虎常常面朝同一个方向站成一排。

夜里睡觉时，
小蜂虎会抱团取暖。

普通雨燕

雨燕的腿和脚小到几乎看不见。

夏天的傍晚，成群的普通雨燕在屋顶上嗖嗖地疾飞，好像在比赛似的。它们的翅膀又长又弯，这是最适合快速飞行的形状。雨燕飞得非常快，最快时能达到 110 千米 / 时以上。

雨燕张着嘴飞行，在空中捉昆虫吃。它们还能一边飞一边喝水和洗澡，甚至还能在空中睡觉！人们猜测，这一点应该是通过反复爬升，然后趁着在空中转圈滑翔的时候小憩片刻来实现的。尽管如此，雨燕还是得落地才能繁衍后代。它们大多在建筑物上或人们提供的巢箱中营巢。在欧洲和亚洲度过夏季后，它们会向南飞到非洲越冬，然后在春季返回北方。

双垂鹤鸵

光看这双脚，你可能会误以为是霸王龙的脚，但它们其实属于双垂鹤鸵。这种大鸟不会飞，但它可以用一记夺命踢来抵御捕食者的攻击。

双垂鹤鸵的内侧脚趾上有长长的爪，是一件锋利的武器。

柳雷鸟

柳雷鸟生活在冬季大雪纷飞的北方地区。与许多其他的鸟类不同，它们的腿和脚也被羽毛覆盖着。这些羽毛不仅有助于保暖，还能把它们的脚变成雪鞋，防止自己陷入雪中。

非洲鱼鹰

猛禽的脚都有大大的脚趾和锋利的弯爪。这种脚天生适合抓持猎物。非洲鱼鹰的爪子特别长，连滑溜溜的鱼也可以抓住。

三趾滨鹬

大多数鸟的脚上都有四个脚趾，其中三个朝前，一个朝后，但三趾滨鹬只有三个脚趾。这种鸟失去了朝后的脚趾，因为它们一辈子都在海边奔跑，不需要抓握树枝。

绿头鸭

绿头鸭和其他的鸭子一生都在划水而行。它们的脚趾间有蹼，能提高它们蹬水的效率。

鸭子的脚上有帮助它们划水的蹼。

肉垂水雉

脚趾最长的鸟类，大概要数肉垂水雉了。这种鸟在湿地栖息，行走于睡莲等漂浮的水生植物上，故而需要宽大、张开的脚趾来保持稳定。

蓝眼凤头鹦鹉

鹦鹉经常沿着树枝行走，凤头鹦鹉也不例外。它们的脚简直就是为抓握而生的——中间的两个脚趾朝前，外侧的两个脚趾朝后，能像钳子一样夹住树枝。这种脚也非常适合抓取食物。

旋木雀

旋木雀是一种长得像老鼠的鸟，它们一边在树上轻快地蹿行，一边找昆虫吃。旋木雀的脚趾很细，但爪子又长又弯，可以帮助它们攀附在树皮上。它们抓得很紧，甚至可以两足倒挂在树枝上走。

鸟足

看见鸟类的脚，你可能会想起它们的祖先恐龙有鳞有爪的脚。由于鸟类没有手，所以它们经常用脚来抓东西，甚至挠痒痒。同鸟翅和鸟喙一样，鸟足的形状也能透露不少关于它们在哪里生活的信息。尖利的爪子表明它的主人是需要抓住猎物的猛禽，而有蹼的脚则表明它的主人划水而行。有些鸟甚至用脚来求偶！

威氏
极乐鸟

　　人们曾经以为极乐鸟生活在天上，飘飞于云间。正
因如此，这些引人注目的鸟儿也被称作"天堂鸟"。然而，
它们其实生活在热带雨林里。如果要评地球上最绚丽多彩的
鸟，雄性威氏极乐鸟的排名肯定遥遥领先。它们为什么要打
扮得如此花枝招展？当然是为了吸引雌鸟。要想好好地展示
自己的羽毛，雄鸟首先得做一些清理工作：把森林中某块地面
上的树叶扫开，让雌鸟能够毫无阻碍地欣赏自己的表演。之后，
雄鸟会站在"舞台"中央，扭转两根长长的尾羽，让它们反光。与
此同时，雄鸟还会向雌鸟大声"表白"——那声音听起来就像汽车警
报声似的。

雄鸟　　　　　　　　　雌鸟

威氏极乐鸟，印度尼西亚。
雄鸟有着蓝色的秃头，
还有卷曲得不可思议的尾羽。

这种鸟全身上下都明艳动人，
就连嘴里也是鲜绿色！

雄鸟 雌鸟

家麻雀

家麻雀，除南极洲以外的世界各地。
家麻雀的雏鸟在刚开始独立生活时，仍然会受到爸爸妈妈的照顾。

几千年前，家麻雀只分布于欧洲和西亚。可是，它们实在太喜欢跟人类相伴为邻了，以至于现在已经遍布全球。如今，除了南极洲之外，它们在各大洲都成员兴旺。这些活泼的小鸟在建筑物上筑巢，在城镇和村庄周围的田野和其他地方觅食。人们甚至在美国纽约一幢摩天大楼的 80 层发现过家麻雀！

雄性家麻雀的喉部有一块黑色斑块。它就像一个勋章，向雌鸟展示着主人的健康和强壮。黑色越多，说明雄鸟越健康。家麻雀经常在土里打滚。说出来你可能不信，这种"土浴"实际上有助于保持羽毛的清洁！

家麻雀的啾啾声和唧唧声
是全世界最常听到的鸟鸣之一。

拟鸫树雀，科隆群岛。
拟鸫树雀把小树枝当作戳探
树洞的工具来使用。

拟䴕树雀

在远离大陆的科隆群岛上，生活着许多世界上独一无二的动物。拟䴕树雀就是其中之一。这种鸟有一个不可思议的本领：它把一根细枝折短，像持矛一样用嘴叼住；接着，聪明的它会把"矛"戳进树洞，用"矛"当工具来寻找食物！有了细枝的帮助，它就能深入原本够不着的木头里，掏出美味多汁的蛴螬（qícáo，金龟子的幼虫）吃了。

我们每天都在使用工具，可是会用工具的鸟类却不多。除了拟䴕树雀，只有某些鹦鹉和乌鸦拥有这种罕见的技能。

拟䴕树雀有时会扯下仙人掌的刺当工具用。

群织雀

世界上最大的鸟巢并不是大型鸟类做的。它们的建造者是一种跟麻雀差不多大的小鸟——群织雀。这些用树枝编织成的巢有的比花园里的棚屋还大，有一头牛那么重！许多对群织雀会组团筑巢。它们的巢通常筑在树上或电线杆上。如果其中某只鸟干活不勤快，它的"工友"很快就会把它赶走。这种巢的巢壁很厚，可以很好地抵御捕食者和烈日。

在巢的内部，每一对群织雀都有自己的巢室。令人啼笑皆非的是，隼和猫头鹰等其他各种鸟类也可能会搬进来住，把一个规模超大的巢挤得满满当当。

**某些群织雀的巢
已经有上百年的历史了。**

群织雀，非洲。
巢里住着几百对群织雀。
每对鸟的巢室都有专属的洞口。

雌性北长尾山雀一次能产下
多达 12 颗斑斑点点的蛋。

北长尾山雀

这些漂亮的小鸟身子圆圆的，尾巴特别长，整体看上去就像个棒棒糖！它们总是风风火火，好像急着要去什么地方似的。你可以看到它们在树林和花园里轻快地穿梭，掀起细枝，找下面的毛毛虫、蜘蛛等小动物吃。

早春时节，成对的北长尾山雀会一起用苔藓和蜘蛛网搭建一个造型别致的巢。它看起来像个蓬松的椰子，有一个圆顶和一个侧入口。鸟爸鸟妈还会在巢里铺上几百根羽毛，帮雏鸟保暖。养育后代是一项艰辛的事业，好在鸟爸鸟妈与兄弟姐妹生活在同一块地盘上，它们时常互相帮忙照看宝宝。

北长尾山雀，亚洲和欧洲。
北长尾山雀的巢有弹性，
能够随着雏鸟长大而扩大。

欧亚鸲在好几个国家都是圣诞节的象征。

欧亚鸲

很多小鸟包括欧亚鸲的英文名里都有 robin，可这些鸟却属于不同的生物学分类。欧亚鸲是树林和花园的常客，而且往往在这些地方表现得特别驯服。它们经常跟在园丁后面，捡挖出来的虫子吃。

欧亚鸲一年四季都在唱歌，即使在隆冬时节也不例外。而且在城镇，本应鸟儿们休息的夜里也能听到它们的歌声，不知道是因为夜晚更加安静，还是因为明亮的路灯让它们误以为是白天。欧亚鸲也爱在稀奇古怪的地方筑巢，比如大衣口袋、邮筒，甚至是汽车引擎盖上！

欧亚鸲，非洲、亚洲和欧洲。
天冷时，欧亚鸲会让羽毛蓬松以保暖。

娇鸺鹠，北美洲。
高大的仙人掌能为娇鸺鹠
提供一个安全但多刺的家。

娇鸺鹠

娇鸺鹠长得比麻雀还小！不过，这种小不点猛禽不但有锋利的喙，还有更锋利的爪子，所以相对于娇小的体形而言，它们还是相当凶猛的。娇鸺鹠生活在荒漠环境下，利用超强的听力和夜视能力在夜色中寻找猎物。它们主要捕食飞蛾、甲虫和蜘蛛等小动物。蝎子有毒刺，捕食起来可能有危险，但聪明的娇鸺鹠知道怎么对付蝎子，它们会先咬断蝎子的毒刺，解除对方的武装，然后再把猎物整个吞下。

这些猫头鹰自己不筑巢，而是直接住进啄木鸟在树上或仙人掌上建好的洞里。娇鸺鹠都是大嗓门，闹腾起来就好像小狗在嗷嗷乱叫。

娇鸺鹠是世界上最小的猫头鹰。

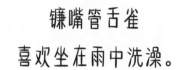

镰嘴管舌雀
喜欢坐在雨中洗澡。

太平洋上的夏威夷群岛有许多你在别处见不到的珍禽异鸟，镰嘴管舌雀便是其中之一。这种红黑相间的小鸟生活在潮湿的森林里，常常站在花上，把弯曲的喙伸进花里舐食花蜜。它们特别喜欢一种开着褶边红花的树。只要发现一棵那样的树，它们就会霸着不走，把所有的花蜜都据为己有。

镰嘴管舌雀属管舌雀科，是夏威夷特有的动物。为了适应不同的食物，每种管舌雀的喙都进化成了特殊的形状，有的粗短，有的尖锐，有的弯曲。

镰嘴
管舌雀

镰嘴管舌雀，夏威夷群岛。
镰嘴管舌雀弯弯的喙正好
适合伸进花中。

雄鸟

雌鸟

华丽
细尾鹩莺

华丽细尾鹩莺是澳大利亚人气最高的鸟类之一。雄鸟有个亮晶晶的蓝色脑袋，一动起来就如同繁星闪耀。雌鸟基本是棕色的，但和雄鸟一样，也有一双长腿和一条活泼的长尾巴。不知何故，这种鸟总是竖着尾巴。它们栖息于灌木丛生的田野和花园中，蹦蹦跳跳地在地面捕食昆虫。

许多科学家研究过华丽细尾鹩莺，因为它们的家庭生活特别有趣。雄鸟和雌鸟结成一对繁衍后代时，最多会有七个亲戚来帮忙。人们还发现，这种鸟有大约 20 种不同的叫声，每种叫声都有不同的作用。它们甚至还有不同的性格。例如，有些大胆，有些害羞。

雄性华丽细尾鹩莺
会何伴侣赠送黄色花瓣。

华丽细尾鹩莺，澳大利亚。
华丽细尾鹩莺以家族为单
位群居。

三趾翠鸟

一只小鸟一晃而过，只留下抹彩虹色。等它落在树枝上后，你才能看清它那珠光宝气的羽毛和鲜红的喙。这种身手敏捷的小鸟叫作三趾翠鸟。它们生活在热带雨林中，通常傍溪而居。和其他种类的翠鸟一样，三趾翠鸟在水面静静地搜寻鱼儿的身影。一旦发现目标，它们就会以迅雷不及掩耳之势钻进水里，把鱼儿一口叼起。除了捕鱼，这种翠鸟还会捕食雨林中的蛙类和昆虫。有时，它们甚至会顺走已经被蜘蛛网缠住的昆虫！

世界上有不少关于翠鸟的故事和神话。例如，古希腊人认为翠鸟有神奇的力量，能够平息海浪，从而在海面上筑巢。

三趾翠鸟钻入水中时几乎不会溅起一丝水花。

三趾翠鸟，亚洲。
三趾翠鸟用匕首状的喙捕捉鱼和其他猎物。

204

长尾
缝叶莺

有些鸟巢像艺术品一样精美。长尾缝叶莺是生活在亚洲南部的一种忙碌的小鸟，它们能建造世上最不可思议的鸟巢。筑巢的工作完全由雌鸟负责。首先，它们会在树上或灌木丛中选中一片既美观又结实的叶子，用脚把树叶弯成杯状，再用锋利的喙在叶子边缘啄出许多小孔。最后，它们以喙作针，带着一缕树皮或蜘蛛丝穿过这些小孔，把树叶缝到一起。你没看错，这种鸟真的会缝纫！缝好的鸟巢可以安放五只雏鸟。

长尾缝叶莺造一个巢大约要缝 200 针。

长尾缝叶莺，亚洲。
长尾缝叶莺紧凑而舒适的巢里
铺满了蛛网、草和其他软软的植物。

杂色短尾鸺，古巴。
雌性和雄性杂色短尾鸺看上去
一模一样，让人难以分辨。

杂色短尾鸲的个头比网球还小，
但颜色很丰富！

杂色短尾鸲

这些小鸟看起来好像被喷涂了鲜艳的颜料。别的鸟都没有像这样集绿色、红色、蓝色和粉红色于一身。全世界共有五种短尾鸲，它们都分布在加勒比海的岛屿上。杂色短尾鸲是古巴岛上特有的一种。

杂色短尾鸲虽然外观色彩斑斓，实际上却不太容易被人发现。它们喜欢一动不动地坐在森林里，不细看根本注意不到。不过，只要有昆虫飞过，它们就会从歇脚的地方飞扑上去，把猎物一口叼住。每天，这些忙碌的小鸟要给每只雏鸟喂食多达 140 只昆虫！

紫刀翅蜂鸟，中美洲。
弯弯的喙让这种鸟可以
从管状的花里取食。

棕尾蜂鸟，中美洲。
花园中的糖水喂鸟器经常
会引来这种蜂鸟。

蜂鸟

吸蜜蜂鸟，古巴。
这种小鸟筑的巢只有
瓶盖那么大！

安氏蜂鸟，北美洲。
雄性安氏蜂鸟粉红色的
头部和喉部能反光。

盘尾蜂鸟，南美洲北部
雄性盘尾蜂鸟在求偶表
演时会炫耀自己长长的
尾羽。

缨冠蜂鸟，南美洲北部。
雄性缨冠蜂鸟拥有茂密的羽冠
和华丽的扇形颊羽。

棕煌蜂鸟，北美洲。
这种小鸟在夏季栖息地和冬
季栖息地之间迁徙时要飞行
1500 千米。

蜂鸟是唯一能够倒着飞行的鸟类。

剑嘴蜂鸟，
南美洲西北部。
好长的喙！别的蜂鸟都没
有像剑嘴蜂鸟这样比身体
还长的喙。

蜂鸟 是鸟类世界的小仙子。它们小巧玲珑，闪闪发光，轻快地穿梭

于森林之中。吸蜜蜂鸟是地球上最小的鸟！疾飞的蜂鸟快得让人难以追踪。

它们的翅膀能以每秒高达 200 次的频率扇动，以至于会发出响亮的嗡嗡声，

难怪它们在英文中俗称"嗡嗡鸟"。为了维持如此风风火火的生活，它们需

要消耗大量的能量。因此，它们整天都盘旋在花朵周围，吮吸着富含糖分

的花蜜。

所有的蜂鸟都生活在美洲。虽然它们大多在森林中安家，但也有

一些会飞进花园，而那里的人们也会挂上装满糖水的

特制喂鸟器来吸引它们。

企鹅目

看到那圆滚滚的身体和黑白配的羽毛，你一眼就能认出企鹅。这些鸟适应了在水下狩猎的生活。与其他鸟类不同的是，企鹅有致密的骨骼帮它们潜水，还有一层非常厚的硬羽和下面的绒羽帮它们在水中保暖。

雨燕目

蜂鸟和雨燕都属于雨燕目，雨燕目的拉丁学名 *Apodiformes* 的字面意思是"无足"。然而，这些鸟儿其实有脚，只是很小很小，通常只能在飞行时看到。

雨燕目

企鹅目

鹱形目

鹲形目

日鹏目

鹳形目

鲣鸟目

鹮形目

潜鸟目

蕉鹃目

鹤形目

拟鹑目

鸽形目

沙鸡目

雁形目

鸡形目

进化树

世界上的鸟儿种类繁多，本书里仅仅是它们之间奇妙差异的一点皮毛。科学家们已经把鸟类分成了大约 40 个目，"目"还可以细分为更小的"科"。这棵进化树展示了这些类群之间的亲缘关系。

鸡形目

鸡形目是一个相对多样的类群，成员包括鸡、雉、孔雀、珠鸡等。其中不少在地面生活，不擅飞行，但长得绚丽多彩。大多数鸡形目鸟类既吃植物，也吃小动物。

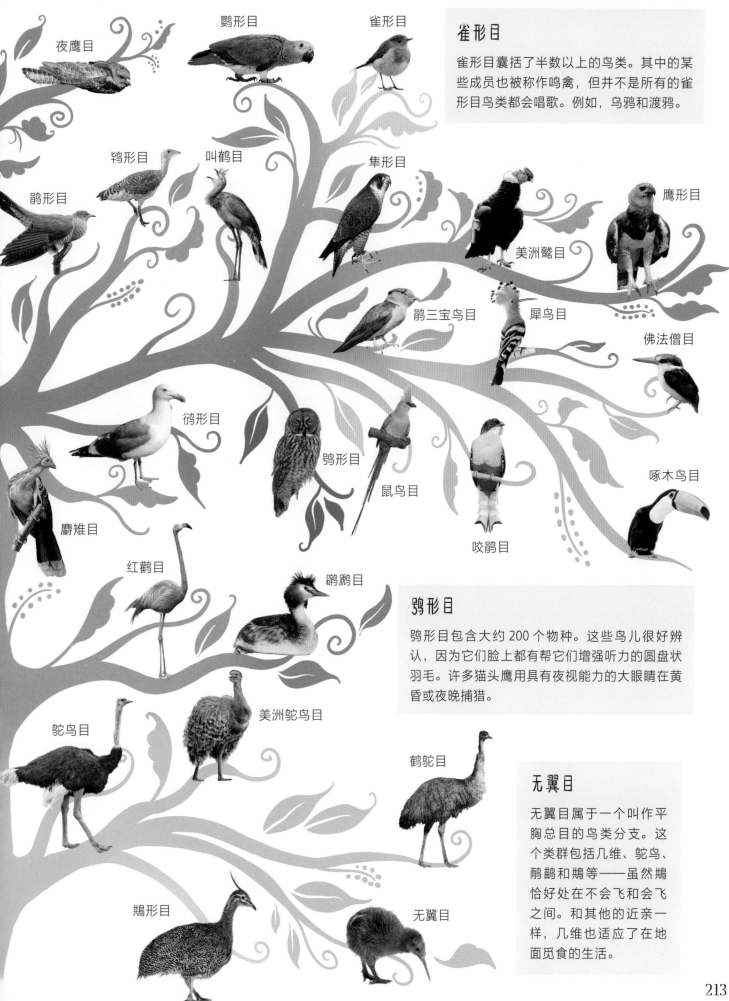

夜鹰目

鹦形目

雀形目

雀形目

雀形目囊括了半数以上的鸟类。其中的某些成员也被称作鸣禽，但并不是所有的雀形目鸟类都会唱歌。例如，乌鸦和渡鸦。

鸨形目

叫鹤目

隼形目

鹃形目

鹰形目

美洲鹫目

鹃三宝鸟目

犀鸟目

佛法僧目

鸥形目

鸮形目

鼠鸟目

啄木鸟目

麝雉目

咬鹃目

红鹳目

䴙䴘目

鸮形目

鸮形目包含大约 200 个物种。这些鸟儿很好辨认，因为它们脸上都有帮它们增强听力的圆盘状羽毛。许多猫头鹰用具有夜视能力的大眼睛在黄昏或夜晚捕猎。

鸵鸟目

美洲鸵鸟目

鹤鸵目

无翼目

无翼目属于一个叫作平胸总目的鸟类分支。这个类群包括几维、鸵鸟、鹬鸵和鸸鹋等——虽然鸸鹋恰好处在不会飞和会飞之间。和其他的近亲一样，几维也适应了在地面觅食的生活。

鹬形目

无翼目

词语表

捕食者 猎捕其他生物为食的生物。

哺乳动物 属于脊椎动物，大多拥有体毛和恒温的血液；除了个别物种（单孔目）是卵生之外，几乎都是胎生；都以乳汁哺育幼仔。

翅膀 动物的飞行器官。不同功能的翅膀具有不同的形状。例如，又长又薄的翅膀适合在空中翱翔。

蛋 动物繁殖时产下的胶囊状容器。鸟类的蛋为硬壳卵，是雏鸟孵化前发育的地方。鸟蛋通常呈圆形或椭圆形，各种颜色和花纹。

冬眠 是指某些动物越冬时进入的深度睡眠状态，持续时间有的长达数月。

繁殖 生产后代。

繁殖季 动物在一年中生产后代的时期。

孵蛋 让蛋保持恒温，使其中的动物胚胎能够顺利发育的过程。鸟类通常筑巢下蛋，并伏在蛋上为其保暖。

虹彩 某些羽毛上因羽毛的特殊结构而产生的彩色光泽。

花蜜 花蜜是花朵分泌出来的香甜液体，能够吸引某些昆虫、鸟类和哺乳动物访问花朵，帮助传粉。

化石 古生物留下的硬化残骸。化石可以是骨骼等身体部位，也可以是脚印等生物造成的痕迹。

荒漠 长期干旱气候条件下形成的植被稀疏的地理景观。有我们熟悉的沙漠，也有处于极地冰雪地带的冰漠。

回声定位 是发出声波后利用回声判断周围物体的位置的方法。某些种类的蝙蝠和鸟就是用回声定位来找路的。

喙 即鸟嘴。喙可以用来做很多事情，比如收集食物和整理羽毛。

恐龙 距今 2.43 亿年至 6600 万年前生存于地球的古代爬行动物。鸟类从其中一类恐龙演化而来，并且继承了它们的许多特征，比如羽毛和产硬壳卵的能力。

昆虫 昆虫成虫有头、胸、腹三部分，大多有复眼和单眼，胸部有三对足，两对或一对翅膀，腹部无足。大多有变态发育过程。

猎物 被捕食者猎食的动物。

鳞 某些动物皮肤上坚硬的板状物。鸟类的腿和脚通常被鳞覆盖。

灭绝 是一个物种最后的个体已经死亡，地球上再也没有同类存活时的状态。

鸟巢 某些鸟类为了下蛋而建造的结构。建造鸟巢的材料可以是树枝、泥巴、蛛网、苔藓、地衣、树叶、树根，甚至是鸟的唾液。大多数鸟类在每个繁殖季都会建造一个新巢。

鸟类 属于脊椎动物。鸟类一般有羽毛和坚硬的喙。大多数鸟会飞，所有的鸟都产硬壳卵（蛋），而且往往为这些蛋筑巢。

爬行动物 属于脊椎动物，大多拥有鳞或甲，通常是卵生，或卵胎生。包括蛇、蜥蜴、龟和鳄鱼等。

配偶 动物为了繁殖而与之结合的伙伴。

蹼 某些动物指（趾）间的皮膜。许多水鸟的脚上都有帮助它们游泳的蹼。

栖木 鸟类站立时，脚趾紧紧抓住用来保持平衡的树枝。

栖息地 存在动物、植物和其他生物的地方。栖息地既可以位于陆地，也可以位于水中。许多物种只生活在特定类型的栖息地中。

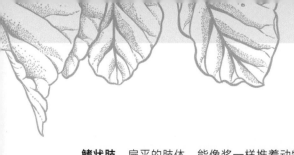

鳍状肢 扁平的肢体，能像桨一样推着动物在水中前进。例如，企鹅的翅膀特化成了鳍状肢。

迁徙 有时是指动物为了寻找新的食物或繁殖后代，而进行的一定距离的移动。有许多动物每年都要在夏季和冬季的栖息地之间往返。

求偶展示 动物用来吸引配偶而表演的舞蹈。在展示过程中，一只鸟可能会炫耀自己的羽毛或其他装饰物，比如一块颜色鲜艳的皮肤，同时大声啼叫。

绒羽 一种非常蓬松的羽毛，作用是帮助鸟类保暖。雏鸟的羽毛都是绒羽。

色素 赋予物体颜色的物质。

湿地 非常湿润或经常淹水，并且生长着低矮植物的区域。

授粉 花粉在植物之间传播，从雄蕊花药到雌蕊柱头或胚珠上的过程。花粉通常随风而动，或者借助被称为传粉者的动物（比如鸟类）传播。

水生 指生物体在河流、湖泊和海洋等水体中生活。

伪装 是动物利用身上特殊的颜色或图案躲避攻击者的方式。

物种 特定类型的动物、植物或其他生物。例如，鸵鸟和太阳鸟是不同种类的鸟。同一物种的成员可以在一起繁育后代，但通常不会与其他物种繁育后代。

演化 一个物种在很长一段时间内逐渐变化成新物种的过程。

夜行性 动物惯于在夜间活动的习性。

鱼类 属于脊椎动物。几乎终生生活于水中，大多有鳞，用鳍运动并辅助身体平衡，用鳃呼吸。体温不恒定，骨骼为软骨或硬骨。

羽冠 某些鸟类头上成簇的羽毛，作用是吸引配偶。

羽毛 薄扁平结构，由与毛发成分相同的物质构成，是鸟类独有的。羽毛覆盖鸟类的身体，既有助于保暖和防水，又能帮助鸟类浮空。羽毛的颜色可以很鲜艳。

雨林 热带或亚热带暖热湿润地区的一种森林类型，由高大常绿阔叶树构成繁密林冠，多层结构，并包含丰富的木质藤本和附生高等植物。

沼泽 地面潮湿、植物低矮的栖息地。

图片索引

绿孔雀，第4页

分布：东南亚

分类：鸡形目

体长：3米

卷羽鹈鹕，第6页

分布：亚洲和欧洲

分类：鹈形目

体长：1.8米

鸸鹋，第8页

分布：澳大利亚

分类：鹤鸵目

体高：1.7米

非洲秃鹳，第11页

分布：非洲

分类：鹳形目

体高：1.5米

蛇鹫，第13页

分布：非洲

分类：鹰形目

体高：1.5米

丹顶鹤，第14页

分布：亚洲东部

分类：鹤形目

体高：1.5米

黑天鹅，第17页

分布：澳大利亚

分类：雁形目

体长：1.4米

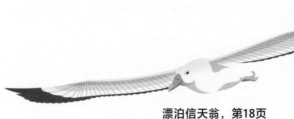

漂泊信天翁，第18页

分布：大西洋、太平洋和南极洲附近海域

分类：鹱形目

体长：1.4米

安第斯神鹫，第20页

分布：南美洲

分类：美洲鹫目

体长：1.2米

胡兀鹫，第22页

分布：非洲、亚洲和欧洲

分类：鹰形目

体长：1.2米

角雕，第26页

分布：中美洲和南美洲

分类：鹰形目

体长：1.05米

大鸨，第29页

分布：亚洲和欧洲

分类：鸨形目

体长：1.05米

红尾鹲，第30页

分布：印度洋和太平洋

分类：鹲形目

体长：1.05米

紫蓝金刚鹦鹉，第33页

分布：南美洲

分类：鹦形目

体长：1米

黑腹军舰鸟，第34页

分布：热带海洋

分类：鲣鸟目

体长：1米

小红鹳，第37页

分布：非洲和亚洲

分类：红鹳目

体长：1米

华丽琴鸟，第40页

分布：澳大利亚

分类：雀形目

体长：1米

普通鸬鹚，第42页

分布：非洲、亚洲和欧洲

分类：鲣鸟目

体长：1米

普通潜鸟，第45页

分布：欧洲和北美洲

分类：潜鸟目

体长：91厘米

红腿叫鹤，第47页

分布：南美洲

分类：叫鹤目

体长：90厘米

马来犀鸟，第48页

分布：东南亚

分类：犀鸟目

体长：90厘米

环颈雉，第50页

分布：亚洲、欧洲和北美洲

分类：鸡形目

体长：89厘米

美洲蛇鹈，第52页

分布：北美洲和南美洲

分类：鲣鸟目

体长：89厘米

粉红琵鹭，第54页

分布：美洲

分类：鹈形目

体长：85厘米

蓝脚鲣鸟，第56页

分布：美洲

分类：鲣鸟目

体长：84厘米

雪雁，第58页

分布：北美洲

分类：雁形目

体长：83厘米

大麻鳽，第61页

分布：非洲、亚洲和欧洲

分类：鹈形目

体长：80厘米

红原鸡，第62页

分布：亚洲

分类：鸡形目

体长：78厘米

大塚雉，第64页

分布：澳大利亚

分类：鸡形目

体长：70厘米

美洲红鹮，第67页

分布：南美洲

分类：鹈形目

体长：70厘米

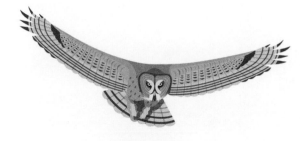

乌林鸮，第68页

分布：亚洲、欧洲和北美洲

分类：鸮形目

体长：69厘米

渡鸦，第72页

分布：非洲、亚洲、欧洲和北美洲

分类：雀形目

体长：69厘米

银鸥，第74页

分布：欧洲

分类：鸻形目

体长：67厘米

麝雉，第77页

分布：南美洲

分类：麝雉目

体长：66厘米

凤尾绿咬鹃，第79页

分布：中美洲

分类：咬鹃目

体长：64厘米

鸮鹦鹉，第81页

分布：新西兰

分类：鹦形目

体长：64厘米

盔顶珠鸡，第82页

分布：非洲

分类：鸡形目

体长：63厘米

巨嘴鸟，第84页

分布：南美洲

分类：啄木鸟目

体长：61厘米

走鹃，第87页

分布：北美洲

分类：鹃形目

体长：56厘米

丑鸭，第88页

分布：亚洲、欧洲和北美洲

分类：雁形目

体长：54厘米

凤头䴙䴘，第91页

分布：非洲、亚洲、欧洲和大洋洲

分类：䴙䴘目

体长：51厘米

鹃三宝鸟，第92页

分布：马达加斯加

分类：鹃三宝鸟目

体长：50厘米

褐拟椋鸟，第95页

分布：墨西哥和中美洲

分类：雀形目

体长：50厘米

油夜鹰，第98页

分布：南美洲

分类：夜鹰目

体长：50厘米

日鳽，第100页

分布：中美洲和南美洲

分类：日鳽目

体长：48厘米

美洲绿鹭，第103页

分布：北美洲和中美洲

分类：鹈形目

体长：48厘米

笑翠鸟，第105页

分布：澳大利亚

分类：佛法僧目

体长：47厘米

北钩嘴夜鹰，第107页

分布：加勒比地区和中美洲

分类：夜鹰目

体长：46厘米

北美黑啄木鸟，第109页

分布：北美洲

分类：啄木鸟目

体长：46厘米

小斑几维，第110页

分布：新西兰

分类：无翼目

体长：45厘米

小蓝企鹅，第112页

分布：澳大利亚和新西兰

分类：企鹅目

体长：45厘米

游隼，第115页

分布：除南极洲以外的世界各地

分类：隼形目

体长：45厘米

长尾食蜜鸟，第117页

分布：南非

分类：雀形目

体长：43厘米

利氏蕉鹃，第118页

分布：非洲

分类：蕉鹃目

体长：43厘米

斑尾塍鹬，第120页

分布：非洲、亚洲、欧洲、北美洲和大洋洲

分类：鸻形目

体长：41厘米

雪鹱，第123页

分布：南极洲和附近海域

分类：鹱形目

体长：40厘米

粉红鸽，第125页

分布：毛里求斯

分类：鸽形目

体长：40厘米

非洲灰鹦鹉，第126页

分布：非洲

分类：鹦形目

体长：39厘米

簇羽海鹦，第129页

分布：亚洲和北美洲

分类：鸻形目

体长：38厘米

剪尾王霸鹟，第130页

分布：北美洲和中美洲

分类：雀形目

体长：38厘米

白骨顶，第133页

分布：非洲、亚洲、欧洲和大洋洲

分类：鹤形目

体长：38厘米

北极燕鸥，第135页

分布：世界各地的海洋

分类：鸻形目

体长：36厘米

大杜鹃，第136页

分布：非洲、亚洲和欧洲

分类：鹃形目

体长：33厘米

白玄鸥，第140页

分布：印度洋和太平洋

分类：鸻形目

体长：33厘米

流苏鹬，第142页

分布：非洲、亚洲和欧洲

分类：鸻形目

体长：32厘米

戴胜，第144页

分布：非洲、亚洲和欧洲

分类：犀鸟目

体长：32厘米

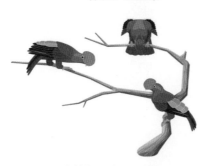

安第斯冠伞鸟，第146页

分布：南美洲

分类：雀形目

体长：32厘米

冠蓝鸦，第148页

分布：北美洲

分类：雀形目

体长：30厘米

须钟伞鸟，第151页

分布：南美洲

分类：雀形目

体长：28厘米

南非沙鸡，第152页

分布：非洲

分类：沙鸡目

体长：28厘米

古巴咬鹃，第155页

分布：古巴

分类：咬鹃目

体长：28厘米

双领鸻，第157页

分布：美洲

分类：鸻形目

体长：26厘米

火红辉亭鸟，第159页

分布：新几内亚岛

分类：雀形目

体长：25厘米

长尾娇鹟，第160页

分布：中美洲

分类：雀形目

体长：23厘米

紫翅椋鸟，第162页

分布：非洲、亚洲和欧洲

分类：雀形目

体长：22厘米

主红雀，第166页

分布：北美洲

分类：雀形目

体长：22厘米

噪八色鸫，第168页

分布：大洋洲

分类：雀形目

体长：21厘米

河乌，第170页

分布：亚洲和欧洲

分类：雀形目

体长：21厘米

太平鸟，第173页

分布：亚洲、欧洲和北美洲

分类：雀形目

体长：21厘米

黑喉响蜜䴕，第174页

分布：非洲

分类：啄木鸟目

体长：20厘米

虎皮鹦鹉，第177页

分布：澳大利亚

分类：鹦形目

体长：20厘米

北美小夜鹰，第178页

分布：北美洲

分类：夜鹰目

体长：20厘米

小蜂虎，第180页

分布：非洲

分类：佛法僧目

体长：17厘米

普通雨燕，第182页

分布：非洲、亚洲和欧洲

分类：雨燕目

体长：17厘米

威氏极乐鸟，第186页

分布：印度尼西亚

分类：雀形目

体长：16厘米

家麻雀，第188页

分布：除南极洲以外的世界各地

分类：雀形目

体长：16厘米

拟鸳树雀，第191页

分布：科隆群岛

分类：雀形目

体长：15厘米

群织雀，第193页

分布：非洲

分类：雀形目

体长：14厘米

北长尾山雀，第195页

分布：亚洲和欧洲

分类：雀形目

体长：14厘米

欧亚鸲，第197页

分布：非洲、亚洲和欧洲

分类：雀形目

体长：14厘米

娇鸺鹠，第199页

分布：北美洲

分类：鸮形目

体长：14厘米

镰嘴管舌雀，第200页

分布：夏威夷

分类：雀形目

体长：14厘米

华丽细尾鹩莺，第202页

分布：澳大利亚

分类：雀形目

体长：14厘米

三趾翠鸟，第204页

分布：亚洲

分类：佛法僧目

体长：14厘米

长尾缝叶莺，第207页

分布：亚洲

分类：雀形目

体长：13厘米

杂色短尾�，第209页

分布：古巴

分类：佛法僧目

体长：11厘米

吸蜜蜂鸟，第210页

分布：古巴

分类：雨燕目

体长：6厘米

图书在版编目（CIP）数据

DK 灵动盎然的飞鸟 /（英）本·霍尔著；（英）丹尼尔·朗，（英）安吉拉·里扎绘；陈宇飞译. -- 北京：中信出版社，2025.1. -- ISBN 978-7-5217-7324-8

Ⅰ. Q959.7-49

中国国家版本馆 CIP 数据核字第 20247Q6N60 号

DK 灵动盎然的飞鸟

著　者：[英] 本·霍尔
绘　者：[英] 丹尼尔·朗 [英] 安吉拉·里扎
译　者：陈宇飞
出版发行：中信出版集团股份有限公司
　　　　（北京市朝阳区东三环北路 27 号嘉铭中心　邮编　100020）
承　印　者：北京顶佳世纪印刷有限公司

开　本：889mm×1194mm　1/16
印　张：14.5
字　数：365 千字
版　次：2025 年 1 月第 1 版
印　次：2025 年 1 月第 1 次印刷
京权图字：01-2024-5859
书　号：ISBN 978-7-5217-7324-8
定　价：158.00 元

出　品：中信儿童书店
策　划：好奇岛
审校专家：孙忻
策划编辑：贾怡飞
责任编辑：房阳
营　销：中信童书营销中心
封面设计：佟坤
内文排版：李艳芝

版权所有·侵权必究
如有印刷、装订问题，本公司负责调换。
服务热线：400-600-8099
投稿邮箱：author@citicpub.com

混合产品
纸张 |
支持负责任林业
FSC® C018179

感谢桑尼·弗林和布兰迪·塔利-斯科特的协助设计，洛伊丝·韦尔的校对工作，丹尼尔·朗的特写插图，安吉拉·里扎的图案和封面插图，图巴·赛义德的元标记。

作者简介：本·霍尔从小就对野生动物着迷不已。他是一本野生动物杂志的专题编辑，曾为 DK 出版公司旗下的多部图书担任编辑或作者，比如《奇妙动物大百科》和《神秘大自然奇观》。

图片来源：

出版商感谢以下组织与个人允许二次使用他们的照片：

（缩写：a—上方；b—下方/底部；c—中央；f—远方；l—左方；r—右方；t—顶部）

4-5 123RF.com: iamtk. **6-7 Shutterstock.com:** JaklZdenek. **8-9 Shutterstock.com:** Cassandra Cury. **10-11 naturepl.com:** Sylvain Cordier. **12-13 123RF.com:** Johanswan. **14-15 Alamy Stock Photo:** Papilio / Robert Pickett. **16 Alamy Stock Photo:** FLPA. **19 Shutterstock.com:** Agami Photo Agency. **20-21 Thomas Fuhrmann:** www.snowmanstudios.de. **23 Depositphotos Inc:** Slowmotiongli. **24 Dorling Kindersley:** Peter Minister, Digital Sculptor (cr). **25 Alamy Stock Photo:** Clarence Holmes Wildlife (br); Nature Photographers Ltd / Paul R. Sterry (crb). **Dorling Kindersley:** Jon Hughes (ca). **Dreamstime.com:** Dragoneye (bc). **Phillip Krzeminski:** (c). **26-27 Alamy Stock Photo:** Teila K. Day Photography. **28-29 Dreamstime.com:** Volodymyr Byrdyak. **30-31 Jacob Drucker. 32-33 Alamy Stock Photo:** Nature Picture Library / Bence Mate. **34-35 Alamy Stock Photo:** DanitaDelimont / Yuri Choufour. **36 Shutterstock.com:** Bruce Seabrook. **38 Alamy Stock Photo:** Mats Janson (bl). **Dreamstime.com:** Agami Photo Agency (tl); Jim Cumming (cl). **38-39 Alamy Stock Photo:** Monkey Business (tc); Nature Photographers Ltd / Paul R. Sterry (bc). **39 Alamy Stock Photo:** Blickwinkel / McPHOTO / MAS (cla); Kevin Elsby (bl); FLPA (br). **Dreamstime.com:** Dwiputra18 (crb). **Shutterstock.com:** Robert Harding Video (tr). **40-41 Alamy Stock Photo:** Minden Pictures. **43 Alamy Stock Photo:** Nature Picture Library / Markus Varesvuo. **44 Alamy Stock Photo:** All Canada Photos / Roberta Olenick. **46 Kacau Oliviera / Solent News & Photo Agency. 49 naturepl.com:** Tim Laman. **50 Depositphotos Inc:** JakubMrocek (t). **Shutterstock.com:** Wang LiQiang (bl); Wang LiQiang (br). **51 Dreamstime.com:** Diego Grandi (r). **Shutterstock.com:** Sunti (bl). **52-53 Sarathlal Sasidharan. 54-55 Dreamstime.com:** Isselee. **56-57 Alamy Stock Photo:** Minden Pictures / Ingo Arndt. **58-59 naturepl.com:** Jack Dykinga. **60-61 Alamy Stock Photo:** Minden Pictures / Cees Uri / NIS. **62-63 Shutterstock.com:** Foto Journey. **65 naturepl.com:** BIA / Jan Wegener. **66-67 Alamy Stock Photo:** Nature Picture Library / Sylvain Cordier. **68-69 Shutterstock.com:** Jim Cumming. **70 naturepl.com:** Charlie Hamilton James (ca); Photo Ark / Joel Sartore (cb); Michael D. Kern (br). **Science Photo Library:** Natural History Museum, London (tc). **70-71 naturepl.com:** Yves Lanceau (tc); Staffan Widstrand (ca). **71 Alamy Stock Photo:** imageBROKER / Phil McLean (bl). **naturepl.com:** Michael Durham (c). **Science Photo Library:** Mark Sykes (br); Dr Keith Wheeler (tc). **72-73 naturepl.com:** Niall Benvie. **74-75 Science Photo Library:** Chris Hellier. **76-77 Alamy Stock Photo:** Minden Pictures / Nate Chappell / BIA. **78-79 Getty Images:** 500px / Daniel Parent. **80 Sam O'Leary. 82-83 Alamy Stock Photo:** Blickwinkel / McPHOTO / MAS. **84-85 Shutterstock.com:** Eric Isselee. **86-87 Getty Images:** Moment / Jeff R Clow. **88-89 Alamy Stock Photo:** Mark Sandbach. **92 ©Paul van Giersbergen. 93 Science Photo Library:** Tony Camacho. **94-95 Alamy Stock Photo:** Minden Pictures / Steve Gettle. **96 Alamy Stock Photo:** Era-Images / Colin Harris (br); Minden Pictures / Konrad Wothe (tc); imageBROKER / Frank Derer (tr); William Leaman (bl). **Shutterstock.com:** Danita Delimont (cl). **97 Alamy Stock Photo:** imageBROKER / Neil Bowman (tr); Minden Pictures / Ingo Arndt (tl); Dominic Robinson (bl); Cro Magnon (br). **Shutterstock.com:** Feng Yu (cb). **98-99 Shutterstock.com:** Traveller MG. **100-101 Getty Images / iStock:** GlobalP. **102-103 123RF.com:** Gonepaddling. **104-105 Alamy Stock Photo:** Christian Htter. **106-107 Shutterstock.com:** Fabio Maffei. **108 Alamy Stock Photo:** Minden Pictures / Donald M. Jones. **110-111 Alamy Stock Photo:** Nature Picture Library / Tui De Roy. **112-113 Alamy Stock Photo:** Auscape International Pty Ltd / Ian Beattie / Auscape. **114-115 naturepl.com:** Luke Massey. **116-117 Getty Images:** Neil Bowman. **119 naturepl.com:** Roland Seitre. **121 naturepl.com:** Markus Varesvuo. **122-123 Depositphotos Inc:** Tarpan. **124 Alamy Stock Photo:** Peter Schickert (b). **Minden Pictures:** Martin Withers (tr). **naturepl.com:** Ann & Steve Toon (tl). **125 Alamy Stock Photo:** Biosphoto / Jean-Francois Noblet (c); Minden Pictures / Hans Glader / BIA (bl); Minden Pictures / Greg Oakley / BIA (br). **Getty Images:** Moment / Rapeepong Puttakumwong (tr). **126-127 Depositphotos Inc:** Lifeonwhite. **128-129 © Christopher Dodds:** www.chrisdoddsphoto.com. **130-131 naturepl.com:** Alan Murphy. **132-133 Alamy Stock Photo:** Minden Pictures / Natalia Paklina / Buiten-beeld. **134-135 Dreamstime.com:** Hakoar. **136-137 naturepl.com:** Hermann Brehm. **138 Getty Images:** Corbis / Paul Starosta (tl); Corbis / Paul Starosta (tc); Corbis / Paul Starosta (bl); Corbis / Paul Starosta (crb). **139 Alamy Stock Photo:** Science History Images / Photo Researchers (cla). **Dreamstime.com:** Isselee (br). **Getty Images:** Corbis / Paul Starosta (tc); Corbis / Paul Starosta (clb). **Science Photo Library:** DK Images (tr). **141 Alamy Stock Photo:** Oliver Smart. **142 Depositphotos Inc:** Davem1972 (b). **143 Alamy Stock Photo:** Minden Pictures / Winfried Wisniewski. **144-145 naturepl.com:** BIA / Thomas Hinsche. **146-147 Alamy Stock Photo:** Morley Read. **148-149 Alamy Stock Photo:** Chris Hennessy. **150 Douglas Greenberg. 152-153 Alamy Stock Photo:** Blickwinkel / M. Woike. **154-155 Alamy Stock Photo:** All Canada Photos / Glenn Bartley. **156 Alamy Stock Photo:** James Schaedig. **158 Getty Images / iStock:** Banu R. **160-161 Getty Images:** Moment / © Juan Carlos Vindas. **162-163 Dreamstime.com:** Agdbeukhof. **164 Alamy Stock Photo:** Blickwinkel / McPHOTO / MAS (cr); Jerome Murray - CC (tr); McPhoto / Rolfes (cla). **164-165 Alamy Stock Photo:** Raimund Linke (c). **165 Alamy Stock Photo:** AGAMI Photo Agency / Ralph Martin (tr); Steve Cushing (tc); David DesRochers (cra); Blickwinkel / Mcphoto / Mas (br). **166-167 Dreamstime.com:** Thomas Torget. **168-169 Alamy Stock Photo:** Minden Pictures / Eric Sohn Joo Tan / BIA. **170-171 naturepl.com:** Markus Varesvuo. **172 Alamy Stock Photo:** imageBROKER.com GmbH & Co. KG / D. Usher. **175 naturepl.com:** Roland Seitre. **176 naturepl.com:** Steven David Miller. **178-179 Alamy Stock Photo:** Rick & Nora Bowers. **180-181 Alamy Stock Photo:** Kit Day. **182-183 Shutterstock.com:** Dilomski. **184 Alamy Stock Photo:** AfriPics.com (bl); Trevor Collens (t); Panoramic Images (c). **Shutterstock.com:** Bildagentur Zoonar GmbH (crb). **185 Alamy Stock Photo:** Alan Spencer Norfolk (tc); Robertharding / G & M Therin-Weise (tr); Colin Varndell (br). **186-187 Alamy Stock Photo:** Minden Pictures / Ch'ien Lee. **188-189 naturepl.com:** Philippe Clement. **190 Alamy Stock Photo:** Minden Pictures / D. Parer & E. Parer-Cook. **192-193 Getty Images / iStock:** Wirestock. **194 Shutterstock.com:** Coulanges. **196-197 Shutterstock.com:** Kristian Bell. **198-199 Minden Pictures:** FLPA. **200-201 Shutterstock.com:** Kendall Collett. **203 Shutterstock.com:** Leonie Ailsa Puckeridge. **205 Getty Images / iStock:** Abdul Sameer. **206 Depositphotos Inc:** SyedFAbbas. **208-209 Shutterstock.com:** Milan Zygmunt. **210 Andy Morffew:** (tr,br). **Shutterstock.com:** Keneva Photography (bl); Richard Winston (tl); Piotr Poznan (cb). **211 Alamy Stock Photo:** All Canada Photos / Glenn Bartley (tr); Keith Allen (tl). **Getty Images / iStock:** Ken Canning (c). **212 123RF.com:** Keith Levit / keithlevit (cla); Mike Price / Mhprice (cr/Turacos). **Alamy Stock Photo:** Saverio Gatto (c); Peter Schickert (crb); Robertharding / James Hager (cb). **Depositphotos Inc:** Dianaarturovna (cr). **Dreamstime.com:** Inaras (ca/Penguins); Tarpan (ca); Alexander Potapov (crb/Waterfowl). **Jacob Drucker:** (cra). **Minden Pictures:** Martin Withers (crb/Messites). **Shutterstock.com:** Foto Journey (crb/Gamebirds); Piotr Poznan (tr). **213 Alamy Stock Photo:** All Canada Photos / Glenn Bartley (c/Trogon); Gabbro (cra); VWPics / Jon G. Fuller (cra/Eagles); Wildlife / Robert McGouey (c). **Depositphotos Inc:** Lifeonwhite (tc); Panuruangjan (cra/Kingfisher). **Dreamstime.com:** Dragoneye (cb/Emu); Vasyl Helevachuk (cra/Hoopoe); Tupungato (cl/Herring gull); Sombra12 (cb); Igor Stramyk (clb); Rudolf Ernst (cb/Rheas); Isselee (bc); Isselee (bc/Kiwi). **Getty Images / iStock:** Ivkuzmin (cl). **naturepl.com:** Hermann Brehm (cla/Cuckoos); Photo Ark / Joel Sartore (cla/bustard). **Science Photo Library:** Tony Camacho (ca/Cuckoo roller). **Shutterstock.com:** Kristian Bell (tc/Songbirds); Traveller MG (tl); Eric Isselee (cr); Eric Isselee (cb/crested grebe). **Kacau Oliviera / Solent News & Photo Agency:** (cla)

Cover images: Front: 123RF.com: Kajornyot tc; **Alamy Stock Photo:** All Canada Photos / Glenn Bartley cra, Kit Day clb, Minden Pictures / Thomas Marent cla, WILDLIFE GmbH cl; **Depositphotos Inc:** Lifeonwhite crb; **Dreamstime.com:** Cowboy54 br, Perchhead tr; **Getty Images / iStock:** Guenterguni cra/ (frigatebird); **naturepl.com:** Juergen & Christine Sohns bl

All other images © Dorling Kindersley Limited.